换流变压器铁芯及夹件接地电流

故障诊断与案例分析

国网宁夏电力有限公司电力科学研究院　组编

中国电力出版社
CHINA ELECTRIC POWER PRESS

U0655398

内 容 提 要

本书主要介绍换流变压器铁芯及夹件接地电流的产生机理及诊断方法，主要内容有考虑漏磁场影响的换流变压器铁芯及夹件单点接地、多点接地下电磁物理过程的数学模型，介绍在不同工况下换流变压器铁芯及夹件的接地电流、换流变压器结构及接地电流的原理、当前接地电流计算方法与特征分析、智能算法在接地故障诊断上的应用以及一些具体的案例分析。对于从事换流变压器生产、制造、设计与运行的人员具有很高的参考价值。

图书在版编目（CIP）数据

换流变压器铁芯及夹件接地电流故障诊断与案例分析 /
国网宁夏电力有限公司电力科学研究院组编 . -- 北京：
中国电力出版社，2024. 12. -- ISBN 978-7-5198-9464
-1

Ⅰ. TM422

中国国家版本馆 CIP 数据核字第 2024G57D55 号

出版发行：中国电力出版社
地 　 址：北京市东城区北京站西街 19 号（邮政编码 100005）
网 　 址：http://www.cepp.sgcc.com.cn
责任编辑：陈 　丽（010-63412348）
责任校对：黄 　蓓 　朱丽芳
装帧设计：赵丽媛
责任印制：石 　雷

印 　　刷：三河市航远印刷有限公司
版 　　次：2024 年 12 月第一版
印 　　次：2024 年 12 月北京第一次印刷
开 　　本：787 毫米 ×1092 毫米 16 开本
印 　　张：8.25
字 　　数：166 千字
定 　　价：56.00 元

编委会

Foreword 前言

　　换流变压器作为电力行业的核心装备之一，起到电磁能量转换和电压等级转换的重要作用。其中换流变压器铁芯和夹件接地电流引线作为换流变压器少有的对外引线，其上的接地电流情况越来越引起运维人员的关注。目前国内已经有普通换流变压器接地电流的相关标准，然而大容量换流变压器，特别是特高压换流变压器的接地电流规范尚没有国标或者国际标准进行规范。在实际运行中，换流变压器内部出现铁芯多点接地或未能接地的情况，可能会导致过热或放电等恶性事故，严重影响电网的安全运行。

　　从实际运维情况来看，传统的采用钳形电流表检测和气相色谱法等带电检测技术无法有效识别是否为换流变压器接地故障，同时部分一线运检人员对换流变压器结构原理、运维检修规律也尚未完全掌握，换流变压器接地电流出现异常后不能准确判断具体情况，最终导致设备损毁、功率及经济损失。因此掌握换流变压器结构及工作原理、运维方法，推广换流变压器接地电流检测等新技术应用，将有助于提升运检人员技术能力，及时查明设备故障原因并采取措施，保证电网安全稳定运行。

　　本书对换流变压器基本知识进行介绍，详细阐述了换流变压器结构及工作原理、运检技术，介绍了基于接地电路频谱特性的换流变压器接地故障诊断方法，最后对大量典型案例进行分析，对于故障发生的概况、现场检查、事故原因进行了详细阐述及分析，以便吸取事故教训，减少故障发生。本书理论联系实际、实用性强，既可以帮助运行、检修人员更深入的理解换流变压器接地电流工作原理，掌握换流变压器接地电流故障诊断技术，了解换流变压器接地电流常见现象、故障原因及处理策略，提高故障处理效率，还可以为电力设计、施工人员提供一些提示和参考。希望广大读者在本书的指导下，从日常生产实践中学习、探索、提高，为电网安全稳定运行做出贡献。

鉴于编写人员水平有限，书中难免存在疏漏与不妥之处，敬请广大读者批评指正。

作者

2024 年 10 月

Contents 目录

1 概述

用于直流输电的主变压器称为换流变压器，它在交流电网与直流线路之间起连接和协调作用，将电能由交流系统传输到直流系统或由直流系统传输到交流系统。换流变压器是超高压直流输电工程中至关重要的关键设备，是交、直流输电系统中换流、逆变两端接口的核心设备。

换流变压器铁芯及夹件单点接地、多点接地下的接地电流将引起设备局部过热，严重的时候会造成铁芯或夹件局部烧损；使接地片熔断，从而产生铁芯或夹件电位悬浮，导致放电性故障，严重威胁变压器及电网的可靠运行。根据实际运行数据表明，在正常情况下，换流变压器的铁芯及夹件接地电流只有几毫安至几十毫安，按照规程要求，当铁芯及夹件接地电流达到 300mA 的时候，就必须采取相应措施进行处理。

目前，变电站运维人员检测变压器铁芯接地电流的手段有两种：①采用钳形电流表对变压器铁芯接地引出线的电流进行测量；②采用变压器接地电流监测装置。但现有的测量手段缺乏空间电磁干扰对变压器铁芯及夹件接地电流测量误差的修正；同时，无法准确、快速鉴别出变压器接地故障的类型。

图 1-1 所示为 SFSZ9-180000/220 型变压器夹件多点接地故障。图 1-2 所示为某电力公司一台三相风冷有载调压换流变压器下夹件底部漆膜损坏情况。图 1-3 和图 1-4 分别为铁芯烧损情况和下定位橡胶垫破损情况。

图 1-1　SFSZ9-180000/220 型变压器夹件
多点接地故障

图 1-2　三相风冷有载调压换流变压器下夹
件底部漆膜损坏情况

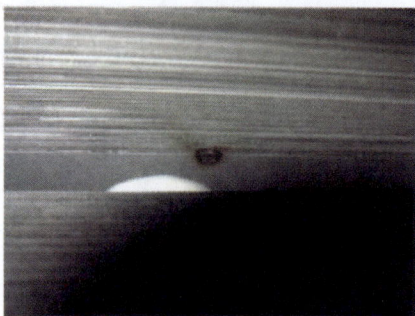

图 1-3　铁芯烧损情况

图 1-4　下定位橡胶垫破损情况

目前，关于换流变压器铁芯及夹件接地电流的研究，主要从计算方法、在线监测方法以及在线监测装置等方面进行，并取得了一定的研究成果。

换流变压器正常工作时，变压器铁芯、夹件通常单点接地。一方面，换流变压器铁芯及夹件单点接地（铁芯—铁芯接地点—大地—夹件接地点—夹件）将产生接地电流；另一方面，若铁芯、夹件出现两点或两点以上的接地时，两点之间形成闭合回路（铁芯—接地引线—大地—铁芯另一接地点），在变压器漏磁场的作用下，两点之间产生环流引起变压器局部过热，环流过大时铁芯损耗增加，严重时造成铁芯烧损，发生换流变压器事故。

目前，关于换流变压器铁芯及夹件接地电流的研究主要从计算方法、在线监测方法以及在线监测装置等方面开展，并取得了一定的研究成果。

1.1　铁芯及夹件接地电流计算方法研究现状

换流变压器是超、特高压输电系统的关键设备。由于换流变压器内部具有强电磁场的特性，所以换流变压器的铁芯和铁芯夹件系统都需要进行单点接地，以避免产生悬浮电位与放电。如果发生多点接地故障，故障回路中较大的故障电流可能会导致换流变压器损耗增加、过热和绝缘油的分解，甚至有可能烧毁铁芯。图 1-5 所示的换流变压器的故障原因为，绝缘油发热使油中产气，进而引起燃爆事故。实际工程中通常采用监测换流变压器铁芯接地电流和铁芯夹件系统接地电流的方法来评估换流变压器的运行状态。

变压器的铁芯故障通常伴随着故障涡流的产生，而铁芯的涡流问题一直是近年来国内外学者研究的热点。有学者针对叠片式铁芯的片间短路故障进行了相关的研究，利用有限元方法仿真了故障时铁芯内涡流的分布情况，提出了计算附加损耗的计算方法，并通过了相关试验验证；有学者针对叠片式铁芯，通过三维涡流场下的偏微分方程的求解提出均匀化模型涡流损耗的计算公式；有学者提出了一种铁芯片间短路时的均匀化方法，建立了有限元故障模型，将涡流损耗计算结果与叠片模型对比，验证了模型的有效性。

图 1-5　换流变压器燃爆事故现场

　　铁芯多点接地时，故障环流在铁芯中的分布十分复杂，直接计算得到的故障电流无法保证其精度。目前铁芯多点接地故障建模主要采用电路模型，并通过试验解释多点接地电流产生的基本原理。有文献提出了适用于多点接地故障的均匀化方法，将多点接地故障电流的计算问题归于铁芯涡流场计算问题，通过接地电流试验验证了所提方法的精确性，但所研究的对象为 EI 型小型隔离变压器，其故障下的工况相较配电变压器简单许多，且其公式计算需通过 n 次迭代，过程复杂，因此急需建立更适合用于现场的简化均匀化模型与换流变压器的有限元仿真模型，针对实际中的工况进行研究。

　　已经有学者和研究机构对铁芯均匀化建模进行了一些研究分析。哈尔滨理工大学电气与电子工程学院的孟大伟、肖利军等人提出了一种利用各向异性电导率的连续体模型来分析叠片铁芯发生绝缘故障时故障区域内的涡流及涡流损耗的方法。南京工程学院自动化学院王坚和东南大学电气工程学院的林鹤云等人提出了铁芯涡流场分析的二维解析验证方法，并分别基于引入各向异性或各向同性等效电导率的铁芯连续体表述和实际叠片表述对涡流场进行了解析计算验证。西南交通大学电气工程学院的周利军、刘桓成等人针对接地电流在趋肤效应下的传输路径，提出变压器铁芯各向异性等效电导率计算方法。中铁第四勘察设计院集团有限公司的刘毅将接地电流故障回路视为各硅钢片电阻的串联，提出了变压器铁芯均匀化建模方法。

　　然而以往的研究都忽略了铁芯的电容效应，在多点接地故障条件下绝缘层形成的电容和电阻同样影响着故障接地电流的大小，应当考虑电容参数变化的影响。因此，本书提出了一种新的铁芯各向异性等效电导率（垂直于硅钢片方向和平行于硅钢片方向等效电导率不同，因此描述为各向异性）计算方法并进行均匀化建模。

1.2 铁芯接地电流监测方法研究现状

当前，检测变压器铁芯是不是存在多点接地主要有三种方法：钳形电流表定期监测铁芯接地电流电气法、测量铁芯对地绝缘电阻法以及监测变压器绝缘油特征气体的气相色谱分析法。为了简便，本书所述"接地电流"为"换流变压器铁芯和夹件接地电流"的简称。

1.2.1 电气法

钳形电流表定期监测铁芯接地电流电气法就是在变压器铁芯外引接地线上，测量引线中电流的大小，来确定变压器铁芯是不是存在多点接地现象。当变压器正常运行时，因为铁芯内无电流回路形成，所以接地线上的电流很小，数量级在毫安级别，多数情况不超过 0.1A；当出现多点接地现象时，接地线上电流过大，铁芯主磁通周围相当于有短路匝的情况存在，流过的环流决定于故障发生点与正常接地点的相对位置，即短路匝中包含磁通的多少，一般含磁通产生的电流可达几十安培。这样经过测量接地引线中的电流大小，可以很准确地判别出变压器铁芯有没有多点接地故障情况。三种方法中最迅速、最直接、最灵敏的方法是测量铁芯接地电流的电气法，传统电气法是在铁芯接地端装设检测电流表，依靠运行人员的定期巡视来发现问题，该方法不仅浪费人力物力资源，还为一些无人值守变电站电气设备的运行留下了安全隐患。并且，这种方法步骤多、操作复杂，不能在线分析，在现场强电磁环境干扰下，检测的精度和时效性都存在问题。

1.2.2 绝缘电阻法

铁芯对地绝缘电阻法就是断开铁芯正常接地线，选用 2500V 绝缘电阻表（对运行时间长的变压器可选用 1000V 绝缘电阻表）测量铁芯对地电阻值，若绝缘电阻值为零或很小，则表明变压器铁芯可能存在多点接地故障。测量铁芯绝缘电阻的方法在实际现场中得到了较为广泛的应用，但由于方法的局限性，只能在变压器大修时进行，为系统的稳定运行和检测维护中带来很多的问题，设备利用率降低，运行维护成本加大。

1.2.3 色谱分析法

监测变压器绝缘油特征气体的气相色谱分析法就是对变压器油中含气量进行

气相色谱分析，该方法是检测变压器的铁芯有没有存在多点接地现象较为及时有效的方法之一。当变压器的铁芯有多点接地现象的时候，其油色谱通常有以下特点：总烃含量高出 DL/T722—2014《变压器油中溶解气体分析和判断导则》的要求，220kV 及以上变压器油中乙炔含量高于 1.0。当色谱分析结果呈现上述特征，并且在铁芯绝缘电阻值为零或很低的情况下及铁芯接地线中有环流时，则可确定该变压器铁芯存在多点接地的故障。

目前，在变压器的铁芯多点接地检测中应用油色谱分析法最为广泛，技术成熟，但投资较大、成本较高，检测只有当变压器油中所含特征气体达到规定值时才可以进行判断，因此在故障不是很严重的情况下无法及时发现问题，同时当特征气体的比值不是标准值时，很难准确判断故障的类型。因此该方法检测精度不高且存在严重的滞后性。

综上，常用的监测方法无论是在接地电流精度、还是快速性方面均有其局限性；并且，现有文献还未见换流变压器铁芯及夹件接地电流与接地故障特征的相关研究。因此，研制一种满足电力生产运行部门需求的变压器铁芯接地电流、故障成因以及接地电流承受能力的在线监测装置具有重要意义。

1.3　铁芯接地电流在线监测装置的应用现状

目前国家正大力发展智能化电网，而智能化电网中相对比较重要的组成部分之一就是变压器铁芯在线监测系统。早在 20 世纪 80 年代，学者们已经开始研究变压器铁芯的在线监测系统，时至今日这些研究已使得无人化变电站成为现实，这样不仅可以节省大量的人力物力，提高设备的使用效率，且可以及时而有效地检测出变压器铁芯接地点情况，按照检测数据分析判断变压器是不是存在多点接地的危险，能够更好地保证变压器等设备的照常运行。

现阶段，变电站维护人员主要采用钳形电流表对变压器铁芯接地引出线的电流进行测量。这样不仅浪费人力物力资源，并且对于一些无人值守变电站做不到定期检测，为变电站电气设备的运行留下了安全隐患。并且，这种方法步骤繁多、操作复杂，不能够在线分析，在强电磁环境干扰下，检测的精度和时效性都存在问题。

虽然随着近年来在线监测技术的不断推广应用，国内部分科研院所和生产厂家也陆续研制出了几种变压器铁芯接地电流在线监测装置，但这些监测装置普遍存在功能单一、精度差、现场测量和安装方式不合理，工作运行可靠性差，电磁兼容防护能力不足等问题，没有真正满足现场运行所需要的要求。

国外科技工作者和有关方面研究人员对传统的定期维修和预防性试验的缺点已有了一定了解，已致力于电气设备的在线监测和状态检修的研究中。研究发现，与传统的技术相比，在线检测技术的优势在于可及时发现早期故障征兆，可以使运行维护人员能够及时通过检测手段在没有造成重大故障前消除故障隐患，从而提升维修质量和效率，防止恶性事故的发生。随着传感器技术、信号处理技术以及计算机技术在工业中的广泛发展与应用，电气设备在线监测技术作为状态检修的基础也得到了飞速发展，现已成为绝缘检测中的一个不可替代的首要组成部分，将在多个方面弥补传统检测技术中仅仅依赖定期预防性试验所带来的诸多影响。可通过对变压器铁芯接地电流的在线监测，准确判断铁芯的工作状况，从而及时在铁芯故障前进行维护，不仅可以有效提高了供电系统运行的可靠性与稳定性，还尽可能降低了电力系统的运转维护费用，对于提高换流变压器的使用效率，保障换流变压器的安全稳定运用具有重要意义。

2 换流变压器结构及接地电流工作原理

2.1 换流变压器分类及结构

变压器是一种能将电能从一个电路传输到另一个电路，同时改变电压大小的电气设备，主要用于在不同电压等级之间转换交流电能。它利用电磁感应原理工作，将电压从一个电路转换到另一个电路，而不改变其频率。变压器主要由两个或多个绕组组成，它们通过共享磁场来传递电能。当交流电通过一个线圈时，产生的磁场会通过铁芯穿过另一个线圈，并在其内部引起电压。通过调整线圈的绕组比例，可以实现输入和输出电压之间的变化。

换流变压器（converter transformer）是指接在换流桥与交流系统之间的电力变压器。采用换流变压器实现换流桥与交流母线的连接，并为换流桥提供一个中性点不接地的三相换相电压。换流变压器与换流桥是构成换流单元的主体。换流变压器是超高压直流输电工程中至关重要的关键设备，是交、直流输电系统中的整流、逆变两端接口的核心设备。它的投入和安全运行是工程取得发电效益的关键和重要保证。换流变压器在直流输电系统中的作用有：①传送电力；②把交流系统电压变换到换流器所需的换相电压；③利用变压器绕组的不同接法，为串接的两个换流器提供两组幅值相等、相位相差 30°（基波电角度）的三相对称的换相电压以实现十二脉动换流；④将直流部分与交流系统相互绝缘隔离，以免交流系统中性点接地和直流部分中性点接地造成直接短接，使得换相无法进行；⑤换流变压器的漏抗可起到限制故障电流的作用；⑥对沿着交流线路侵入到换流站的雷电冲击过电压波起缓冲抑制的作用。换流变压器的关键作用，要求其具有高可靠性和高技术性能。

2.1.1 换流变压器结构

由于换流变压器是电力系统中的关键设备，用于将交流电转换为直流电或者将直流电转换为交流电，其结构形式多种多样。

换流变压器的核心部分是铁芯。铁芯是构成换流变压器磁路的主要部分，用于引导磁通的流向。铁芯作为换流变压器的主要磁路部分，由多个铁芯片组成。

铁芯片的材料通常为高导磁率的硅钢片，以提高磁路的导磁性能。铁芯片的形状可以是矩形、圆形等，根据具体的应用需求进行选择。为了减小铁芯的磁滞损耗和涡流损耗，硅钢片的厚度一般为 0.2 ～ 3.5mm，还可以在铁芯片上涂覆绝缘漆或者采用分段式铁芯结构。

换流变压器的绕组也是其重要组成部分。绕组一般分为高压绕组和低压绕组，分别用于接入高压交流电和输出低压直流电。高压绕组通常采用漆包线绕制，以提高绕组的绝缘性能和耐高温性能。低压绕组则通常采用扁铜线绕制，以提高绕组的导电性能。为了减小绕组的电阻和电感，绕组还可以采用多股绕制或者多层绕制的方式。

换流变压器还包括冷却系统。由于换流变压器在工作过程中会产生较大的热量，因此需要采取有效的冷却措施来保证其正常运行。常见的冷却方式有自然冷却和强制冷却两种。自然冷却是通过自然对流和辐射散热来降低温度，适用于小型变压器。强制冷却则是通过风扇或者冷却油循环系统来增强冷却效果，适用于大型变压器。

换流变压器的绝缘结构也是其重要组成部分。绝缘结构的设计直接影响到换流变压器的绝缘性能和安全性能。常见的绝缘结构有油浸绝缘和干式绝缘两种。油浸绝缘是将绕组和铁芯浸泡在绝缘油中，以提高绕组的绝缘性能和散热性能。干式绝缘则是将绕组和铁芯直接暴露在空气中，适用于一些对环境要求较高的场合。

铁芯、绕组、冷却系统、绝缘结构都有其独特的设计和应用。通过合理的结构设计和优化，可以提高换流变压器的性能和可靠性，满足电力系统对直流电和交流电的转换需求。

换流变压器作为电力系统中的重要设备，其结构形式的选择直接影响到其性能和使用效果。在实际应用中，需要根据具体的需求和条件选择适合的结构形式，以实现电力系统的稳定运行和高效转换。

2.1.2　换流变压器分类

可按相数、绕组结构、绝缘类型、冷却方式、调压能力、容量和型式对换流变压器进行分类。

（1）按相数分类：换流变压器可以是单相或三相的。在实际工程中，为了减少十二脉动换流单元中换流变压器的阻抗差异，常采用单相三绕组换流变压器结构。

（2）按绕组结构分类：换流变压器的绕组结构可以是三相三绕组、三相双绕组或单相双绕组等。例如，可以采用 2 台三相三绕组变压器，或者 4 台三相双绕组变压器，也可以采用 6 台或 12 台单相绕组变压器。

（3）按绝缘类型分类：换流变压器由于要承受交流和直流电压的共同作用，

因此对绝缘要求较高。绝缘类型可能包括油浸式绝缘、干式绝缘等。

（4）按冷却方式分类：根据冷却需求，换流变压器可能采用自然冷却、风冷、水冷或其他冷却方式。

（5）按调压能力分类：换流变压器可能具有不同的有载调压能力，这取决于其分接开关的调节范围和调节精度。

（6）按容量和型式选择：换流变压器的额定容量和型式根据直流输电系统的具体需求来选择，可以有不同的容量范围和型式以满足不同规模的工程需求。

每种分类方式都反映了换流变压器在设计、应用和功能上的不同特点。在实际应用中，换流变压器的选择和设计需要综合考虑系统需求、运输条件、安装空间和经济性等多种因素。

由于换流变压器铁芯多为单相四柱式，有两个芯柱和两个旁轭，两个芯柱上的线圈全部并联，每柱容量为单相容量的一半，也有三相五柱式的结构。铁芯采用六级接缝，有效地降低接缝处的空载损耗和空载电流。采用全斜无孔绑扎结构，间隔一定厚度放置减震胶垫，以降低铁芯磁滞伸缩而引起的噪声。

最常见的，根据相数和绕组结构的不同，可以将换流变压器分为单相双绕组换流变压器、三相双绕组换流变压器和单相三绕组换流变压器。图 2-1 分别为单相双绕组换流变压器、三相双绕组换流变压器和单相三绕组换流变压器接线示意图。

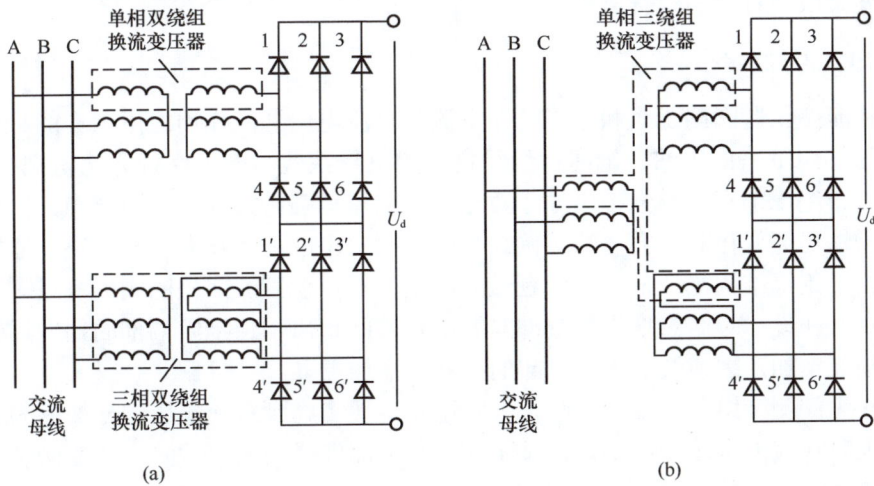

图 2-1　换流变压器接线示意图
（a）单相双绕组换流变压器和三相双绕组换流变压器；（b）单相三绕组换流变压器

2.1.3　换流变压器特点与要求

由于换流变压器的运行与换流器换相时产生的非线性现象，它在漏抗、谐波、绝缘、有载调压、直流偏磁和试验等方面与普通电力变压器有不同的特点和要求。

2.1.3.1 漏抗

以往由于晶闸管的额定电流和过负荷能力有限，为了限制阀管短路和直流母线短路的故障电流，换流变压器的漏抗一般比普通电力变压器大，一般为15%～20%，有些工程甚至超过20%，随着晶闸管的额定电流及其承受浪涌电流能力的提高，换流变压器的漏抗可按对应的容量和绝缘水平合理选择，阻抗相应降低，通常为12%～18%，因此，设备主参数、绝缘水平、换流器无功功率消耗及能耗等都可相应降低，同时，换流器的运行性能也有所改进。

为减少非特征谐波，换流变压器的三相漏抗平衡度要求比普通电力变压器高，通常漏抗公差不大于2%。如果运输条件允许，工程多采用的单相三绕组换流变压器结构，进一步减少12脉动换流单元中换流变压器6个阻抗值的差别。

2.1.3.2 谐波

换流变压器漏磁的谐波分量会使变压器的杂散损耗增大，有时可能使某些金属部件和油箱产生局部过热现象。在有较强漏磁通过的部件，要用非磁性材料或采用磁屏蔽措施。谐波磁通所引起的磁致伸缩噪声处于听觉较为灵敏的频带，必要时要采取更有效的隔音措施。

2.1.3.3 绝缘

换流变压器阀侧绕组和套管是在交流和直流电压共同作用之下工作的。在这种电压作用下，由于油、纸两种绝缘材质的电导系数与介电系数之比差别很大，油纸复合绝缘中直流场强按电导系数分布，交流场强则按介电系数分布，当直流电压极性迅速变化时，会使油隙绝缘受到很大的电应力，在套管与底座的连接部分，由于绝缘结构复杂，这一问题最为严重，越接近直流两极的阀侧绕组对地电压越高，在设计时必然增大组端部与铁芯轭部的距离，使绕组端部的辐向漏磁和局部损耗增加，因谐波混磁而引起的损耗则增加更多。

作为阀侧绕组外绝缘的套管，其爬电距离要考虑到直流电压的分量，为了避免雨天时在直流电压作用下，由于不均匀湿闪而造成的闪络故障，一般阀侧套管均伸入阀厅，目前，干式合成套管已得到实际应用，为了抗振，套管法兰盘处一般装有振动阻尼装置。

2.1.3.4 有载调压

换流变压器应具有较多的有载调压开关，利用调压开关可使直流输电系统经常运行在接近最佳状态。换流器触发角运行在适当的范围内，以兼顾运行的安全性和经济性。分接开关的调压范围一般为20%～30%，每档调节量为

1% ~ 2%，以达到分接开关调节和换流桥触发控制联合工作，做到既无明显的调节死区，又可避免频繁往返动作。

2.1.3.5　直流偏磁

换流器触发时刻的间隔不等，交流母线正序二次谐波电压和与直流线路并行的交流线路的感应作用等将在换流变压器阀侧绕组电流中产生直流分量；接地极入地电流引起的地电位变化会在交流侧绕组电流中产生直流分量，二者共同使换流变压器产生直流偏磁现象，使在铁芯的 B-H 曲线上的运行工作点绕行轨迹偏离对称状态，部分进入一侧的饱和段，励磁电流分量出现一个半波的尖峰波形，使变压器的损耗、温升以及 50Hz 的噪声（正常时基波噪声频率为 100Hz）都有明显增加，应在换流变压器设计中充分考虑。

2.1.3.6　试验

与普通电力变压器一样，需要对换流变压器进行例行试验和型式试验，除此之外，还需进行直流电压试验直流电压局部放电试验、直流电压极性反转试验等。

与普通电力变压器相比，由于运行条件不同，换流变压器的特性有：

（1）存在直流偏磁问题。直流偏磁不仅导致铁芯周期性的饱和，并发出低频噪声，而且也将使得变压器的损耗和温升大幅增加。

（2）大范围有载调压能力。当换流变压器桥臂短路时，为了限制过大的短路电流损坏换流阀，换流变压器应具有足够大的短路阻抗，即具有较大的漏电抗。同时，为满足阀侧电压随负载变化而经常变化的要求，换流变压器还具有大范围的有载调压能力，使得其有载分接头挡位远多于普通电力变压器。

（3）由于系统有降压运行的要求，网侧分接范围大（30% 左右），级数多。并且运行方式的多样性增加了换流变压器设计的复杂性。

（4）谐波问题。换流变压器在运行中会流过特征谐波和非特征谐波电流。这些谐波作用于变压器漏磁，使得变压器杂散损耗增大，有时还会使一些金属部件和油箱产生局部过热。数值较大的谐波磁通会引起磁滞伸缩噪声，且处于声觉敏感频段，必须采取有效的隔音手段。

（5）需要更高的绝缘裕度。换流变压器在运行中既要承受交流电应力作用，又要承受较大分量的直流电应力作用，要求变压器绝缘尤其是阀侧绝缘对运行中的工作场强有足够的耐受裕度，其绝缘问题非常突出，换流变压器在运行中的绝缘事故在全部事故所占比例为 50% 左右。

（6）在结构上，由于阀侧套管要深入到阀厅中，为了防止换流变压器发生事故时殃及阀体，所以阀侧套管采用干式套管。

（7）换流变压器中最常见的故障多见于绕组绝缘损坏，油纸绝缘强度降低，分接头变换器、套管以及冷却系统（泵）故障，换流变压器的故障率大约是交流变压器的两倍。对于特高压变压器而言，需要关注的是阀绕组与接地的交流绕组之间的主直流绝缘结构。目前采用的某些在线检测系统虽然能够避免发生一些可能发生的故障，但由于该系统的设计还不够成熟，不能尽早地检测出可能发生的灾难性损坏并采取纠正措施。

2.2　换流变压器接地电流产生原理

换流变压器单点接地故障及多点接地故障产生的接地电流主要由换流变压器铁芯、夹件、绝缘等部件构成的回路电场分布发生变化产生，因此换流变压器的接地电流问题可以归结为计算换流变压器铁芯、夹件、绝缘等的电场问题，进而转化为电位分布计算问题。基于电磁场基本理论，以麦克斯韦方程组为基础，对不同工况下的换流变压器单点接地故障及多点接地故障展开系统的研究工作。

麦克斯韦方程组描述了电磁场宏观性质，准确地反映了变压器等电气设备内部电磁场中各个物理量之间的相互关系，在有限元计算中，将变压器等设备看成似稳磁系统，可以忽略位移电流（$\partial D/\partial t = 0$）的影响，所以磁场的麦克斯韦场方程的微分形式可是表述为

$$\nabla \times H = J \tag{2-1}$$

$$\nabla \cdot B = 0 \tag{2-2}$$

式中：H 为磁场强度，A/m；B 为磁感应强度，也称磁通密度，T；J 为电流密度，A/m^2。

描述矢量场磁场强度 H、磁感应强度 B、磁感应强度 E、电流密度 J 之间关系的本构方程分别为

$$B = \mu H \tag{2-3}$$

$$J = \sigma E \tag{2-4}$$

式中：μ 和 σ 分别为磁导率和电导率。

根据磁场磁位 A 的定义、式（2-3）和式（2-4）可以得到磁场磁位 A、标量电位 ϕ、磁通密度 B 以及电场强度 E 之间的关系为

$$B = \nabla \times A$$
$$E = -\frac{\partial A}{\partial t} - \nabla \phi \tag{2-5}$$

根据以上电磁场基础理论分析，可以对换流变压器铁芯及夹件接地电流及故障鉴别展开系统研究。

2.2.1　换流变压器单点接地电流产生原理

首先分析正常工况下铁芯单点接地，当换流变压器处于正常工况下运行时，其铁芯应当有且仅有一点接地。这是因为变压器的铁芯是由可导电性材料构成的，当变压器工作时，由于铁芯周围存在交变磁场，会产生感应电压。通过将铁芯接地，可以将感应电压引导到地，提高系统的电气安全性。同时铁芯接地可以降低变压器绕组和铁芯之间的电压，减少绝缘系统的电应力，从而延长设备的使用寿命，减少绝缘故障的发生。因此变压器铁芯单点接地是为了保护设备和人员安全，减少电气故障的发生，提高系统的可靠性和稳定性。目前的变压器铁芯接地方式一般在铁芯硅钢片间插入铜片，尽管每片硅钢片之间有绝缘膜存在表面阻抗，但仍可认为是一整个铁芯接地变压器铁芯单点接地的一个简化模型示意图如图 2-2 所示。铁芯芯柱周围分别为低压绕组和高压绕组。

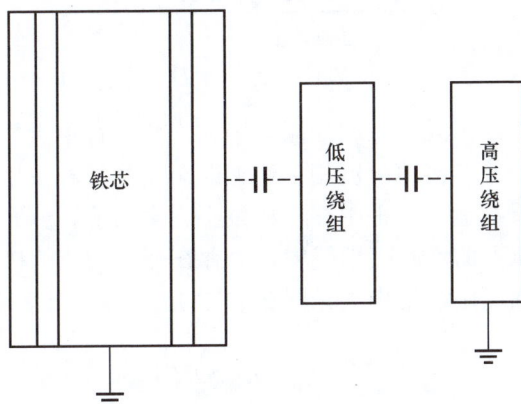

图 2-2　铁芯单点接地示意图

由图 2-2 可以看出，即使铁芯单点，由于铁芯与绕组之间存在分布电容，会形成"大地—铁芯—铁芯与低压绕组分布电容—低压绕组—与高压绕组分布电容—高压绕组—大地"的回路，由此会在铁芯接地线中呈现出一定的接地电流。其接地电流 I 可表示为

$$I = j\omega CU \tag{2-6}$$

式中：C 为等效的分布电容；U 为电位差；ω 为角频率。

绕组间、绕组与铁芯间的等值介电常数，按串联电容器公式进行计算，其等效相对介电常数为

$$\varepsilon_{eq} = \frac{a_w}{D_w\left(\dfrac{a_x}{\varepsilon_x D_x} + \dfrac{a_y}{\varepsilon_y D_y} + \dfrac{a_z}{\varepsilon_z D_z}\right)} \tag{2-7}$$

式中：a_x、a_y、a_z 分别为匝绝缘、油隙和绝缘纸筒的厚度；a_w 为绕组间的绝缘厚度，D_x、D_y、D_z 为匝绝缘、油隙和绝缘纸筒的直径；D_w 为绕组间的绝缘直径；ε_x、ε_y、ε_z 为匝绝缘、油隙和绝缘纸筒的相对介电常数。

绕组对铁芯及绕组间的几何电容，可按同心圆柱电容器公式计算，即

$$C = \frac{2\pi\varepsilon_{eq}H}{\ln\dfrac{R_1}{R_2}} \tag{2-8}$$

式中：H 为等效电容器高度；R_1 为等效电容器外径；R_2 为等效电容器内径。

因此，接地电流可表示为

$$I = \frac{2\pi a_w j\omega UH}{D_w \ln\dfrac{R_1}{R_2}\left(\dfrac{a_x}{\varepsilon_x D_x} + \dfrac{a_y}{\varepsilon_y D_y} + \dfrac{a_z}{\varepsilon_z D_z}\right)} \tag{2-9}$$

以上是对单相变压器或对三相变压器中的一相进行单点接地电流分析。对于三相变压器，将每一相的接地电流相量迭加即可得到三相变压器的接地电流。然而，由于三相变压器在运行过程中存在相位不完全对称、分布电容不完全相同等因素，所以三相变压器的铁芯接地线中也会存在一定数值的接地电流。

考虑具体到的油纸绝缘结构（见图 2-3），由（2-9）得接地电流 I_{CD} 可表示为

$$I_{CD} = \frac{2\pi a_w \omega UH}{D_w \ln\dfrac{R_1}{R_2}\left(\dfrac{a_x}{\varepsilon_x D_x} + \dfrac{a_y}{\varepsilon_y D_y} + \dfrac{a_z}{\varepsilon_z D_z}\right)} \tag{2-10}$$

另外，考虑到谐波对接地电流的影响，不同频次的谐波角频率 ω 也自然不同，所以接地电流可进一步表示为

$$I_{CD} = \frac{2\pi a_w H \sum\limits_{1}^{n} \omega_n U_n}{D_w \ln\dfrac{R_1}{R_2}\left(\dfrac{a_x}{\varepsilon_x D_x} + \dfrac{a_y}{\varepsilon_y D_y} + \dfrac{a_z}{\varepsilon_z D_z}\right)} \tag{2-11}$$

$$\omega_n = 2n\pi f$$

式中，n 为谐波频次；ω_n 为 n 次谐波的角频率；U_n 为 n 次谐波电压。

如式（2-11）所示，接地电流受到电容的相对介电常数、变压器的输入电压、绕组的几何尺寸的影响。可以得到：①随着换流变压器油纸绝缘的老化破损，油纸绝缘结构的相对介电常数会发生变化，导致铁芯屏蔽与绕组的电容发生

变化，导致夹件接地电流升高；②当变压器承受短路冲击时，变压器的绕组将发生变形使变压器的尺寸发生变化，使变压器的接地电流发生变化；③随着变压器直流偏磁的增加及谐波的增加，变压器的电压及频率将发生变化，相应的接地电流也会发生变化。

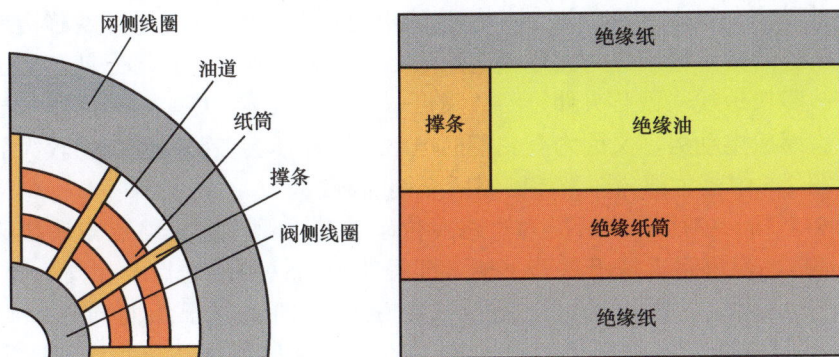

图 2-3　油纸绝缘结构示意图

2.2.2　换流变压器多点接地电流产生原理

正常情况下，变压器的铁芯、夹件和油箱分别独立接地，如图 2-4 所示。

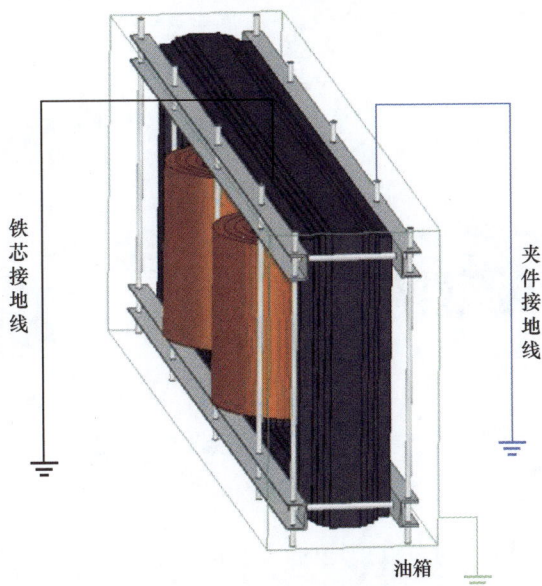

图 2-4　铁芯、夹件、油箱接地示意图

当发生多点接地故障时，即铁芯，夹件和油箱间发生短路，将会形成一个新的回路。例如当铁芯和夹件发生短路时，将会形成故障回路"铁芯—铁芯接地线—大地—夹件接地线—夹件—铁芯夹件短路点"，从而引起较大的接地电流。

从变压器侧面观察，假设通过上侧面的磁通方向垂直于纸面向外，如图2-5（a）所示。铁芯和夹件发生短路，发生短路的位置即为图中的故障点，此时夹件接地线通过故障点与铁芯相连（即图中的故障接地线），铁芯同时通过铁芯接地线和短路点所连的故障接地线与大地相连形成回路，将会形成"铁芯—铁芯接地线—大地—故障接地线—铁芯夹件短路故障点—铁芯"故障回路。故障回路与磁路相交链产生感应电动势，又因为有完整的电路回路，便会在磁路中产生较大的接地电流。图2-5中蓝色部分即为该回路所交链的磁通。

图2-5（a）中所示的情况为短路点位于铁芯上侧（即短路点与铁芯接地点在同一侧）。若短路点位于铁芯下侧（即短路点与铁芯接地点不在同一侧），即图2-5（b）所示。假设通过上侧截面的磁通方向垂直于纸面向外，则通过下侧截面的磁通方向垂直于纸面向里。图中蓝色和黄色部分为该回路所交链的磁通。值得注意的是，由于磁通通过上下截面的方向相反，故图中铁芯截面上下侧黄色部分的磁通可以相互抵消，因此该模型可以等效为图2-5（a）所示的模型。此时图2-5（a）中故障点即为等效的故障点。如果短路点处于旁轭或芯柱时，从变压器侧面观察，可视为此时回路交链上侧截面全部的主磁通。

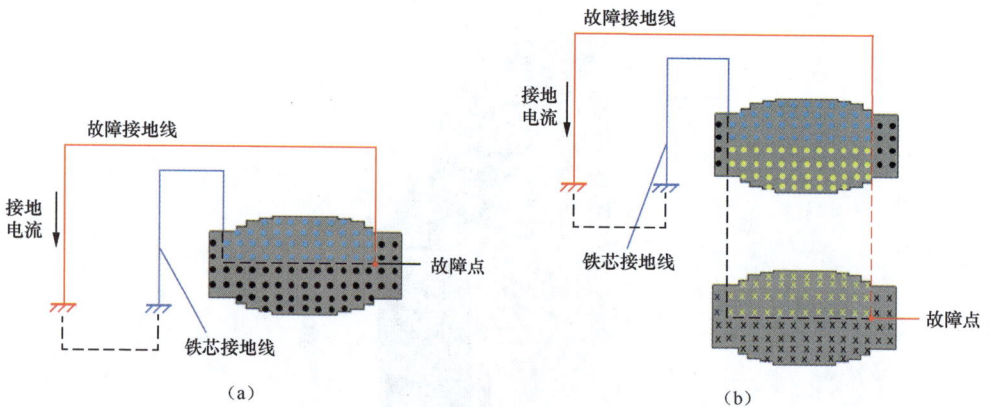

图 2-5 铁芯和夹件短路接地电流示意图
（a）短路点与铁芯接地点位于同侧；（b）短路点与铁芯接地点位于异侧

如果发生三个及以上的多点接地时，则可以分解为多个的两点接地系统进行分析。

变压器正常运行时，必须保证铁芯单点接地，当出现两点及以上接地时，在铁芯两接地点之间形成闭合的回路，闭合回路与铁芯中的磁通相交链，就会感应出故障电流，如图 2-6 所示。

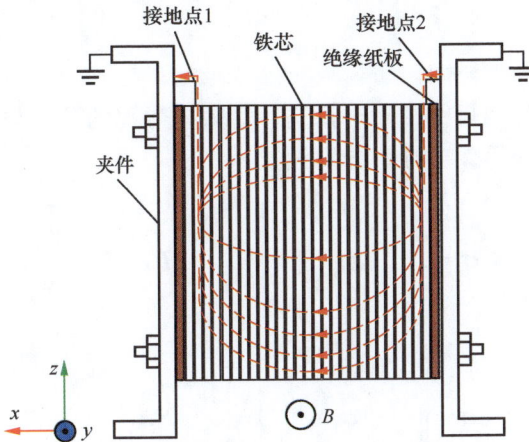

图 2-6 两点接地条件下铁芯内故障电流分布

故障电流在铁芯中沿同一方向流动（正弦变化），扩散至两故障点之间的全部故障区域并穿越绝缘层。故障电流在硅钢片以及绝缘层上产生的焦耳热会增大铁芯损耗，而故障点附近的电流密度最大，会导致铁芯局部过热。

本书采用均匀化方法计算换流变压器铁芯及夹件接地电流，主要通过设置等效参数，利用材料形态连续的均匀体等效材料形态不连续的个体。图 2-7 所示为铁芯等效电导率均匀化模型。

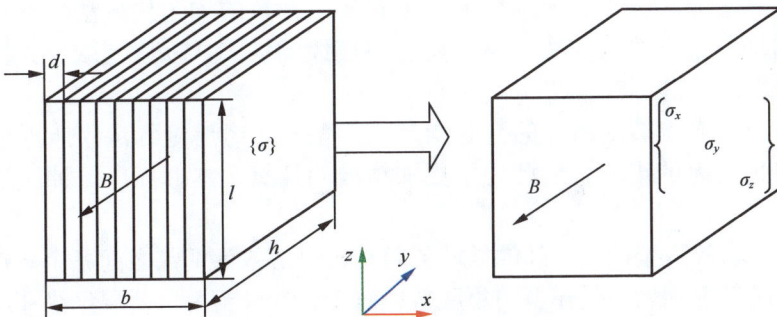

图 2-7 铁芯等效电导率均匀化模型

d—硅钢片单层厚度；b—硅钢片叠压的铁芯厚度；l—硅钢片的长；h—硅钢片的高；
B—磁感应强度

在理想状态下，有限元仿真中，铁芯硅钢片材料的电导率通常设置为 0，即铁芯中不会产生电流，可表示为

$$\sigma = \begin{bmatrix} \sigma_x & & \\ & \sigma_y & \\ & & \sigma_z \end{bmatrix} = \begin{bmatrix} 0 & & \\ & 0 & \\ & & 0 \end{bmatrix} \qquad (2\text{-}12)$$

式中：σ 是硅钢片的电导率。

发生叠片铁芯片间短路故障时，进行等效电导率的分析与计算，可将铁芯短路区域和正常区域的等效电导率分别设置为

$$\sigma = \begin{bmatrix} \sigma_x & & \\ & \sigma_y & \\ & & \sigma_z \end{bmatrix} = \begin{bmatrix} \sigma & & \\ & F\sigma & \\ & & F\sigma \end{bmatrix} \qquad (2\text{-}13)$$

$$\sigma = \begin{bmatrix} \sigma_x & & \\ & \sigma_y & \\ & & \sigma_z \end{bmatrix} = \begin{bmatrix} 0 & & \\ & F\sigma & \\ & & F\sigma \end{bmatrix} \qquad (2\text{-}14)$$

式中：F 为铁芯叠片系数。

然而在换流变压器铁芯多点接地状态下，会形成一个"铁芯—铁芯接地引线—大地—油箱接地引线—油箱—铁芯油箱触碰点—铁芯"的故障回路并在其中形成较大的环流。

变压器的铁芯由大量硅钢片叠积而成，为了减少涡流损耗和磁致伸缩带来的不良影响，每一层硅钢片的表面都会覆盖一层绝缘漆膜。如果将每一层硅钢片以及绝缘膜都建立在模型之中进行网格剖分以及计算，巨大的计算量将使得有限元仿真的效率低下。所以要通过设置等效参数的均匀化方法，设置材料属性连续的均匀模型等效现实中材料属性不连续的铁芯，以达到减少计算量并达到有效计算的目的。

当前用于多点接地故障的铁芯均匀化模型并未考虑绝缘漆膜所形成的电容对故障接地电流的影响。因此为了更加精准的计算，本书提出一种改进的计算公式。

接地片与故障接地点之间的铁芯的阻抗可以等效为两点之间各个硅钢片阻抗的和，同时考虑到均匀化模型的集肤效应对于一片硅钢片（两层绝缘漆膜）的阻抗，则有

$$Z_1 = \frac{2}{\sigma_m} \cdot \frac{d}{l \cdot \delta} \qquad (2\text{-}15)$$

$$\delta = \sqrt{1 / \pi f \mu \sigma_m} \qquad (2\text{-}16)$$

式中：Z_1 为一片硅钢片的阻抗；d 为硅钢片的厚度；σ_m 为绝缘漆膜考虑集肤效

应的电导率；l 为电流受集肤效应影响聚集在边界的长度；δ 为均匀化模型中故障电流的集肤深度；f 为频率；μ 为磁导率。

将式（2-16）代入式（2-15），另外考虑两层漆膜的等效电导率 $\sigma_x = 0.5\sigma_m$，可得

$$\sigma_x = \frac{d^2\omega\mu}{Z_1^2 l^2} \tag{2-17}$$

当前硅钢片出厂时一般以层间电阻来表征绝缘层绝缘性能，针对不同容量的变压器一般取 $50 \sim 700\Omega/cm^2$。铁芯硅钢片厚度为 0.3 mm，片间绝缘厚度约为 6 μm，绝缘相对介电常数约 3.5。

变压器铁芯一层硅钢片等效电阻即为

$$R_1 = \frac{R_{ave}}{S} \tag{2-18}$$

式中：R_{ave} 为层间电阻；S 为铁芯硅钢片绝缘漆膜面积。

图 2-8 所示为变压器铁芯电容－电阻等效模型。

根据平板电容器公式，可得硅钢片绝缘漆膜电容为

$$C_1 = \frac{\varepsilon_m S}{4\pi k d_m} \tag{2-19}$$

式中：C_1 为两片绝缘漆膜电容；ε_m 为绝缘漆膜相对介电常数；k 为静电力常量；d_m 为两层绝缘漆膜厚度。

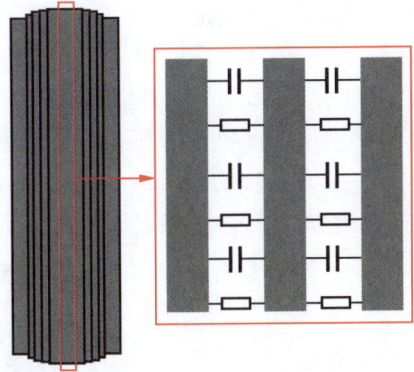

图 2-8 变压器铁芯电容—电阻等效模型

换流变压器铁芯绝缘漆膜电容和电阻并联，可得其阻抗为

$$Z_1 = \frac{R_1 + wC_1}{R_1 wC_1} = \frac{4\pi R_1 k d_m + w\varepsilon_m S}{R_1 w\varepsilon_m S} \tag{2-20}$$

将式（2-23）代入式（2-16）中，经转化，最终得到铁芯的等效电导率为

$$\sigma = \begin{bmatrix} \dfrac{d^2 \cdot \omega \cdot \mu}{\left(\dfrac{4\pi R_1 k d_m + w\varepsilon_m S}{R_1 w\varepsilon_m S}\right)^2 \cdot l^2} \\ F_\sigma \\ F_\sigma \end{bmatrix} \tag{2-21}$$

与绝缘膜的阻抗相比，硅钢片本身的阻抗非常小，可以忽略不计。因为故障电流对称地流过铁芯，所以电流等效于在铁芯中间循环。为了有效地计算故障回路中的磁通量，本书将故障回路等效为"铁芯接地线—地—故障接地线—铁芯等效导体"。

对于长期运行的换流变压器，有可能存在绝缘老化、绝缘破损等问题，当换流变压器工作在电压波动、直流偏磁、谐波等状态时会进一步加剧绝缘老化、绝缘破损等不利后果；另外换流变压器内部残留金属颗粒、存在毛刺等制造工艺不良问题，也将对换流变压器产生不良影响。

（1）绝缘老化、破损对换流变压器铁芯及夹件单点接地电流的影响。换流变压器绕组、引线等高电位电极与铁芯、结构件等低电位电极间存在电阻、电容耦合关系。

通常情况下，在单相四柱双绕组换流变压器中，换流变压器在正常工作下的接地电流主要取决于绕组的电压、频率以及阀侧绕组与铁芯间的电容的大小。电压、频率越高，接地电流越大；分布电容越大，接地电流越大。

换流变压器铁芯是多级块叠积成的近似圆柱形截面并在铁芯外表面设计有铁芯屏蔽，铁芯屏蔽接地线一般通过引线引至铁芯夹件上并与夹件、拉板等结构件一起接地。变压器铁芯在地屏、夹件、拉板等导体构成的金属屏蔽下，铁芯与绕组、引线等高电位导体之间的寄生电容很小，由绕组、引线等高电位导体传递过来的容性电流很小，因此铁芯接地电流受绕组、引线等高电位导体的影响远小于夹件接地电流。接地电流的流通路径是"绕组—寄生电容—铁芯外屏蔽—夹件—夹件接地线—大地"。图 2-9 为铁芯及夹件接地电流等效电路，图 2-10 为接地电流流通路径。

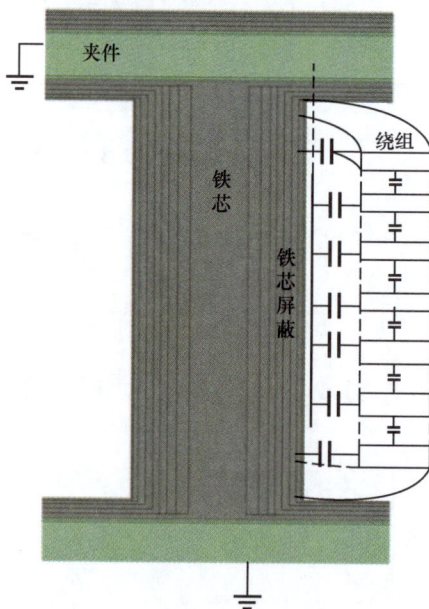

图 2-9　铁芯及夹件接地电流等效电路

同时，由于靠近铁芯侧的阀侧绕组与铁芯屏蔽间电容较大，夹件接地电流主要取决于靠近铁芯侧的阀侧绕组的电压及其与铁芯屏蔽间的电容大小。绝缘破损将导致相对介电常数变大，进而使接地电流同比增大。

（2）绝缘损坏以及工艺不良等对换流变压器铁芯及夹件多点接地电流的影响。换流变压器在正常运行时，网侧绕组、阀侧绕组、调压

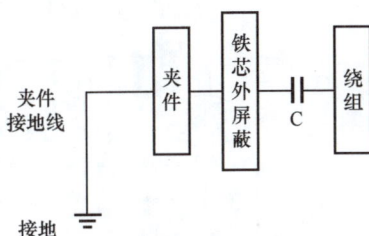

图 2-10　接地电流流通路径

绕组和引线会在换流变压器内部产生不均匀电场。变压器铁芯以及夹件、拉板、铁芯屏蔽等金属结构件，在不均匀电场中的不同位置而会有不同的电位，产生电位差。当电位差达到能够击穿两者绝缘的时候便会产生断续火花放电，断续放电会加速变压器油分解和固体绝缘损坏，长期下去，将导致事故发生。为避免上述情况发生，铁芯及其他金属结构件均需要单点接地，使它们处于零电位。目前普遍采用的接地方法为在铁芯硅钢片间插入一铜片的接地方法，尽管每片之间有绝缘膜，但仍可认为是整个铁芯单点接地。另外，夹件、拉板、铁芯外屏蔽等结构件由一根接地线引出接地。

但是当绝缘损坏以及制造工艺不良等情况发生在换流变压器内部时，换流变压器铁芯及夹件可能会由此产生第二个接地点，进而出现故障回路，形成激增的接地电流。

（3）换流变压器铁芯与夹件短路时多点接地。当换流变压器铁芯和夹件发生短接后，会形成一个"铁芯—铁芯接地引线—大地—夹件接地引线—夹件—铁芯夹件触碰点—铁芯"的故障回路并在其中形成较大的环流，如图 2-11 所示。由于此电流在回路中同时流经"铁芯接地线"和"夹件接地线"，因此会在铁芯接地电流监测点和夹件接地电流监测点同时检测到大小基本相同的接地故障电流，即铁芯和夹件接地电流同时增大。

当发现铁芯接地电流和夹件接地电流同时增大时，可判断为换流变压器铁芯和与夹件之间存在金属或高阻值短接，可能的原因为铁芯与夹件之间存有导电异物或铁芯硅钢片变形与夹件系统有电气接触，例如：①换流变压器铁芯扎带松懈、硅钢片翘起，接触到夹件，铁芯与夹件触碰；②在换流变压器安装或运输过程中疏忽，导致变压器铁芯触碰夹件；③换流变压器铁芯与夹件间的绝缘板磨损脱落，造成夹件与铁芯触碰；④穿心螺杆或金属绑扎带绝缘损坏，与铁芯或夹件等触碰；⑤潜油泵轴承磨损产生的金属粉末进入变压器油箱内，导致铁芯与夹件短接。

（4）换流变压器铁芯两点接地时产生接地电流。当换流变压器铁芯发生两点接地后，会形成一个"铁芯—铁芯接地引线—大地—油箱接地引线—油箱—铁芯油箱触碰点—铁芯"的故障回路并在其中形成较大的环流，如图 2-12 所示。

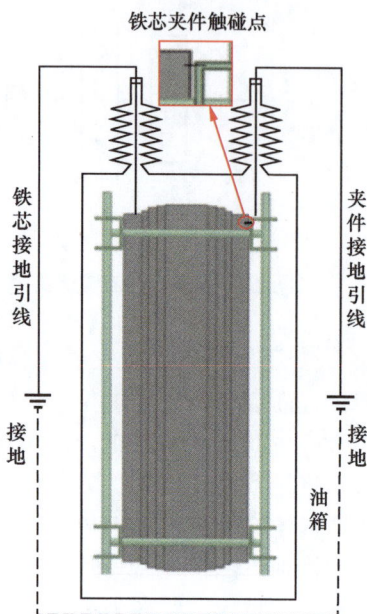

图 2-11　绕组对铁芯屏蔽放电产生接地电流

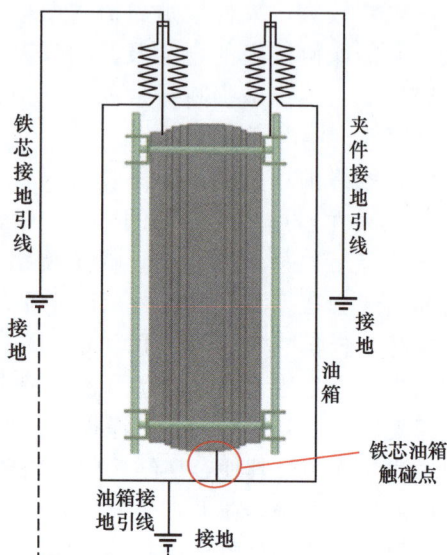

图 2-12　铁芯两点接地回路

由于此电流在回路中只流经"铁芯接地线",而"夹件接地线"不在故障回路之中,因此会在铁芯接地电流监测点检测到铁芯接地电流大幅度升高,而夹件接地电流监测点检测不到接地故障电流,即铁芯接地电流与油箱接地电流增大,夹件接地电流不变。

当发现铁芯接地电流与油箱接地电流大幅度升高而夹件接地电流基本不变时,即可判断换流变压器发生铁芯多点接地故障,可能原因为铁芯与油箱之间存在导电异物或由于安装不当导致铁芯与油箱之间存在电气接触,例如:①在换流变压器安装或运输过程中疏忽,导致换流变压器铁芯碰触油箱,造成铁芯多点接地;②油箱盖上温度计座套过长与铁芯相碰,造成铁芯多点接地;③换流变压器安装过程中在箱体内部遗留金属铁丝等异物。在换流变压器运行过程中高电磁场条件下异物竖起或运动,导致铁芯在下侧与油箱产生第二接地点。

(5)换流变压器夹件两点接地时产生接地电流。换流变压器夹件系统包含夹件、拉板、铁芯屏蔽等导体构成的金属结构件。铁芯屏蔽接地线一般通过引线引至夹件上与夹件、拉板等结构件一同单点接地。

当换流变压器夹件系统发生两点接地后,会形成一个"夹件—夹件接地引线—大地—油箱接地引线—油箱—夹件油箱触碰点—夹件"的故障回路并在其中形成较大的环流,如图 2-13 所示。由于此电流在回路中只流经"夹件接地线",而"铁芯接地线"不在故障回路之中,因此会在铁芯接地电流监测点检测到铁芯接地电流大幅度升高,而夹件接地电流监测点检测不到接地故障电流,即夹件接地电流与油箱接地电流增大，铁芯接地电流不变。

　　当发现夹件接地电流与油箱接地电流大幅度升高而铁芯接地电流基本不变时，即可判断换流变压器发生夹件多点接地故障，可能原因为夹件与油箱之间存在导电异物或由于安装不当导致夹件与油箱之间存在电气接触，例如：①在换流变压器安装或运输过程中疏忽，导致换流变压器夹件碰触油箱，造成夹件多点接地；②油箱盖上温度计座套过长与夹件相碰，造成夹件多点接地；③换流变压器安装过程中，在箱体内部遗留金属铁丝等异物，导致夹件在下侧与油箱产生第二接地点；④换流变压器长时间运行、油纸绝缘系统发生老化、纸绝缘破损导致换流变压器夹件与油箱相碰触，造成夹件多点接地。

　　当铁芯发生多点接地故障时，会引起接地电流的急剧增加。此时的接地电流将取决于故障电路的感应电压和等效阻抗。

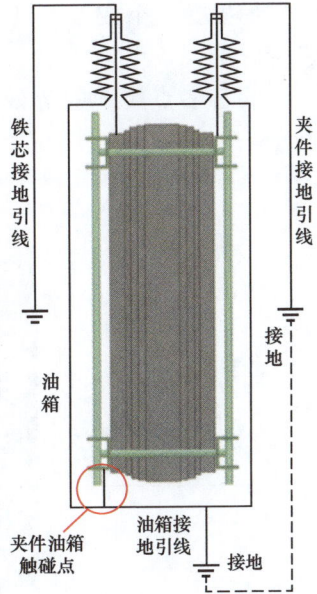

图 2-13　夹件两点接地回路

　　当铁芯上出现另一个故障接地点时，换流变压器内部会形成故障电路，其流动路径为"铁芯—铁芯接地线—接地—故障接地点—铁芯"。由于电工钢板是垂直堆叠方向的导体，多点接地可以等同于图 2-14 的原理图，蓝点区域决定了电路的感应电压。

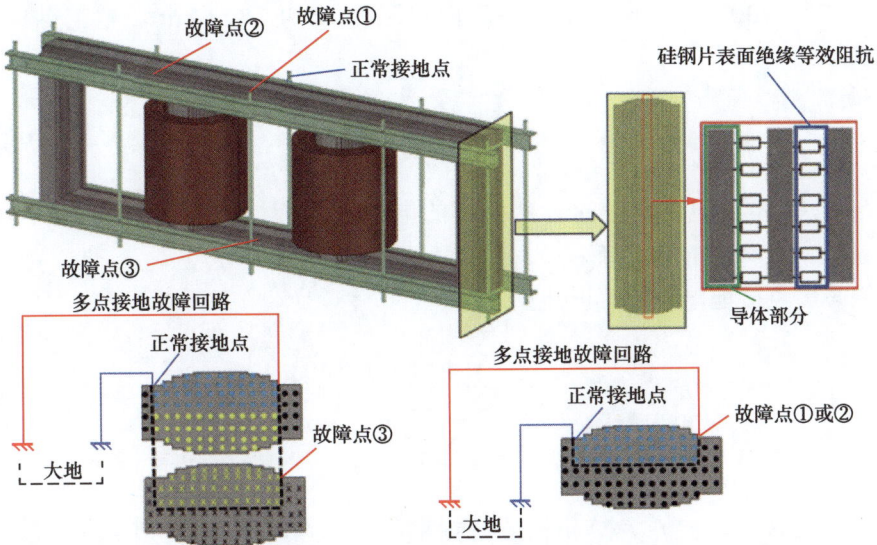

图 2-14　多点接地的等效原理图

如果在三个或三个以上的点接地，则可以将其分解为类似的两点接地系统以进行分析。

铁芯多点接地的等效电路阻抗主要是涂层电工钢板的表面绝缘，如图 2-15所示。

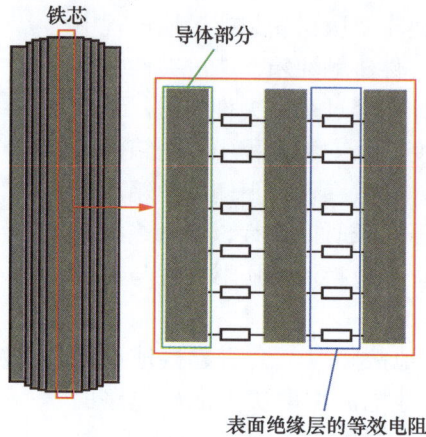

图 2-15　涂层电工钢板表面绝缘的等效示意图

涂层电工钢板的表面电阻测量可按 IEC 60404-11《磁性材料　第 11 部分：电工钢带材和薄板表面绝缘电阻的测量方法》（*Magnetic materials-Part 11: Methods of measurement of the surface insulation resistance of electrical steel and sheet*）的测量方法进行。30ZH120 电工钢板的表面电阻为 46.787 $\Omega \cdot cm^2$。电工钢板的电阻可表示为

$$R_{1m} = \frac{\rho_s}{S_m} \tag{2-22}$$

式中：R_{1m} 为单层电工钢板的 m 级铁芯的电阻；ρ_s 为被测的表面电阻率；S_m 为为第 m 级单层电工钢板的面积。

铁芯多点接地电流的解析计算式为

$$I = \frac{\sum_1^n 4.44 f_n B_n A}{\sum_1^m \frac{\rho_s d_m}{S_m d_0}} \tag{2-23}$$

式中：n 是谐波阶；f_n 为第 n 次谐波频率；B_n 是第 n 次谐波频率下的磁密度；A 是磁通量面积；d_m 为 m 级铁芯总厚度；d_0 为单层铁芯厚度。

2.3 其他影响因素

2.3.1 接地模式

高电位电极（如变流变压器线圈）与低电位电极（如铁芯和夹具）之间存在电容耦合关系和电阻。但是，与电容相比，绝缘材料的导电率太小，因此可以忽略不计。此外，由于铁芯屏蔽是通过引线接地连接到夹具的，因此夹具接地电流将远大于铁芯接地电流。为了便于描述，将卡箍、屏蔽、拉板等结构件连接在一起并接地的电流统称为卡箍接地电流，具体结构和接地电流流路如图2-16所示。接地电流初步可表示为

$$I_{\mathrm{clamp}} = \omega C_{\mathrm{clamp}} U$$
$$I_{\mathrm{core}} = \omega C_{\mathrm{core}} U$$

（2-24）

式中：I_{clamp} 为变压器钳系统接地电流；ω 是角频率；C_{clamp} 是高电位电极和夹具之间的寄生电容；I_{core} 是变压器铁芯的接地电流；C_{core} 是高电位电极和磁芯之间的寄生电容；U 是高电位电极电压。

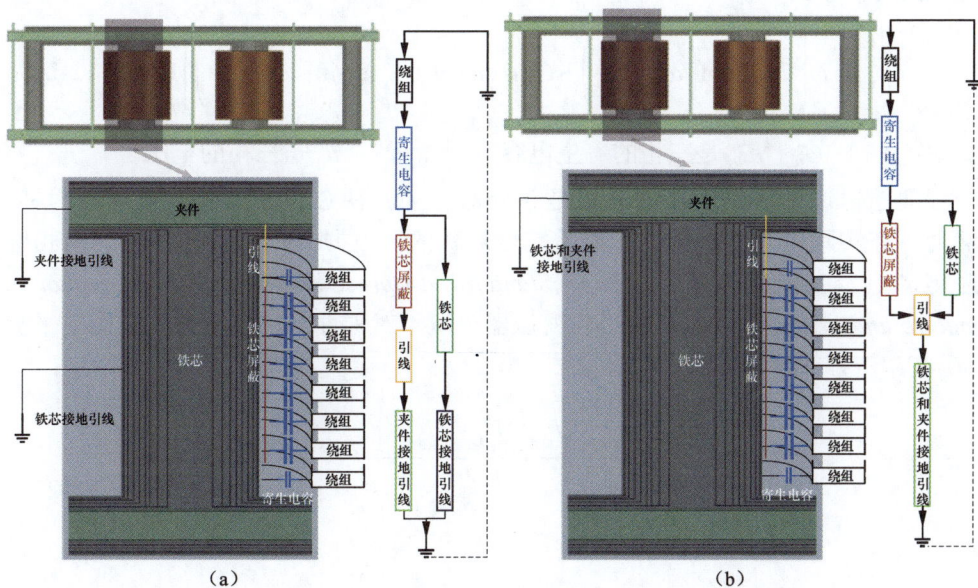

图 2-16　接地电流流路
（a）单独接地；（b）公共接地

考虑到有些换流变压器只通过一根引线接地，接地电流可以表示为

$$I_{com} = \omega(C_{clamp} + C_{core})U \qquad (2\text{-}25)$$

式中：I_{com} 为铁芯和夹具系统的总接地电流。

接地方式的最大区别在于，当钳制与铁芯之间存在连接时，在个别接地条件下，通过检查接地引线可以检测到大的环流电流，在接地条件下，换流变压器内部会形成环流。由于换流变压器必须配备铁芯屏蔽层，因此铁芯接地电流比夹件接地电流小得多。在正常工作条件下，钳位接地电流是考虑的重点。而且由于阀侧绕组最靠近铁芯屏蔽层，主要是 C_{clamp} 阀侧绕组与铁芯屏蔽层之间的寄生电容。

2.3.2 铁芯类型

我国以及欧洲大多数国家普遍采用芯柱在同一垂直平面上的芯式铁芯。换流变压器铁芯样式大致分为：三相五柱和单相四柱两大类。当换流变压器采用三相五柱时，其铁芯图如图 2-17 所示。

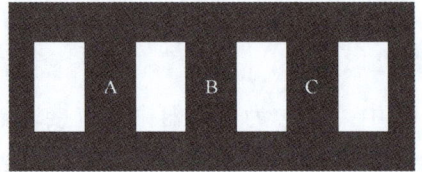

图 2-17　三相五柱铁芯

当换流变压器为三相五柱时，其钳位接地电流可表示为

$$i_{clamp} = \omega\left[C_A u_A \sin\left(\omega t - \frac{2\pi}{3}\right) + C_B u_B \sin \omega t + C_C u_C \sin\left(\omega t + \frac{2\pi}{3}\right)\right] \qquad (2\text{-}26)$$

式中：C_A、C_B、C_C 是三相的寄生电容；u_A、u_B、u_C 是三相的电压。

理想情况下，变压器的三相是完全对称的，铁芯和夹具的接地电流为零。然而，在实际中，它永远不可能是完全对称的。根据 IEEE 112—1991《多相感应电动机及发电机的试验规程》（*Standard test procedure for polyphase induction motors and generators*），三相换流变压器电压不对称性可以表示为相电压不平衡率（*PVUR*），即

$$PVUR = \frac{\max\left[\left|U_A - U_{avg}\right|, \left|U_B - U_{avg}\right|, \left|U_C - U_{avg}\right|\right]}{U_{avg}} \times 100\%$$

$$U_{avg} = \frac{U_A + U_B + U_C}{3} \times 100\% \qquad (2\text{-}27)$$

式中：U_{avg} 是三相电压的平均值；U_A、U_B、U_C 是三相电压的电压。

由于侧轭的存在，A 相和 C 相对应的寄生电容与 B 相的寄生电容不同。类似地，寄生电容不平衡度定义为相寄生电容不平衡率（*PCUR*），即

$$PCUR = \frac{\max\left[\left|C_A - C_{avg}\right|, \left|C_B - C_{avg}\right|, \left|C_C - C_{avg}\right|\right]}{U_{avg}} \times 100\%$$ （2-28）

$$C_{avg} = \frac{C_A + C_B + C_C}{3} \times 100\%$$

为了描述这种不平衡，本书提出了接地电流不平衡系数 α_{ub}，表示为

$$\alpha_{ub} = PVUR \cdot PCUR + PVUR + PCUR$$ （2-29）

夹件的接地电流可以表示为

$$i_{clamp} = \omega \alpha_{ub} C_{avg} u_{avg} \sin \omega t$$ （2-30）

当换流变压器采用单相四柱铁芯时，接地电流的计算不需要考虑电压和寄生电容的不平衡，接地电流的有效值会更高。其接地电流可以表示为

$$i_{clamp} = \omega C_{clamp} u \sin \omega t$$ （2-31）

2.3.3 谐波效应

如图 2-18 所示，由于换流阀的存在，阀门绕组中必然存在大量的谐波电压，其接地电流可表示为

$$i_{clamp} = \sum_1^n 2\pi f_n C_{clamp} u_n \sin(2\pi f_n t)$$ （2-32）

式中：f_n 是第 n 次谐波频率；u_n 是第 n 次谐波电压。

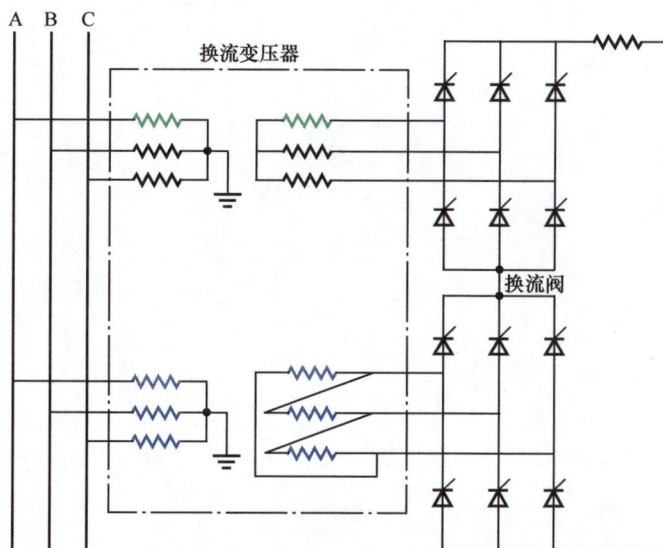

图 2-18　换流变压器的连接类型

谐波效应对变压器的影响是多方面的，当变压器的供电系统中存在谐波时，这些谐波会导致变压器铁芯和夹件的电压发生变化，从而增加通过接地回路的电流。谐波次数越高，其频率越高，可能引起的接地电流也越大。同时谐波电流会在变压器的铁芯、夹件和其他金属结构件中产生额外的损耗，这些损耗以热的形式表现出来，可能导致局部过热，影响变压器的正常运行和寿命。谐波引起的磁通变化可能在变压器结构中产生振动，这些振动可以转化为噪声，尤其是在高次谐波频率下更为明显。谐波引起的过热会加速变压器绝缘材料的老化过程，降低绝缘性能，增加故障风险。谐波电流可能产生电磁干扰，影响变压器及其他电力设备的电磁兼容性，导致控制和保护设备的误动作。

同时谐波的存在会使接地电流的波形变得复杂，给故障检测和诊断带来困难，可能掩盖实际的接地故障信号。

高频谐波电流倾向于在导体表面流动，这种现象称为集肤效应。这会增加接地回路的电阻，从而影响接地电流的大小和分布。变压器及其接地系统可能与供电系统中的其他元件形成谐振条件，特别是在特定频率下，这可能导致接地电流显著增加。谐波的存在会改变接地电流的频谱特性，使得接地电流不再仅仅是基波频率的电流，而是包含了丰富的谐波成分。变压器的保护装置可能根据接地电流的大小和特性来动作。谐波引起的接地电流变化可能影响这些保护装置的正确动作。

为了抑制直流侧的谐波，转换器变压器将采用 Δ 连接和 Y 连接接线。

采用 Δ 连接的换流变压器的阀侧绕组的总谐波失真（THD）低于 Y 连接，其接地电流也较低。

3 换流变压器接地电流计算方法与特征分析

换流变压器接地电流的计算和特征分析是确保其安全稳定运行的重要环节。换流变压器铁芯必须单点可靠接地,通过观测铁芯接地电流来了解变压器的工作情况以及是否存在接地故障,对变压器的状态评估和安全稳定运行具有重要意义。有研究提出了一种考虑换流变压器绕组连接的铁芯接地电流计算方法,通过建立电路模型并考虑饱和特性的影响来计算分析铁芯接地电流。同时,换流变压器铁芯接地电流的谐波分量分析对于了解其工作状态至关重要。

3.1 换流变压器单点接地电流计算

在明确了接地电流是容性电流之后,计算接地电流需要首先计算寄生电容。有两种方法可以计算寄生电容。

（1）基于场能法的有限元计算,表达式为

$$C = \frac{2W}{U^2} \tag{3-1}$$

式中：C 表示电容器存储电荷的能力；W 表示电场中存储的能量；U 表示电容器两端的电势差。

但是,换流变压器 FEM 模型的构建和计算将消耗太多时间。

（2）计算等效相对介电常数,以方便计算。油纸绝缘材料结构示意图如图 3-1 所示。油和撑条可以认为是并联的,纸筒和撑条的组合与油形成串联连接。

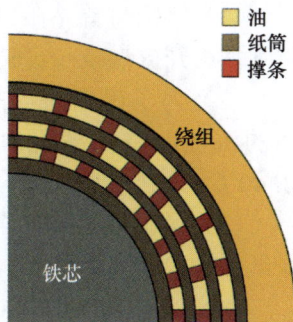

图 3-1　油纸绝缘材料结构示意图

等效相对介电常数 ε_{eq} 可表示为

$$\varepsilon_{eq} = \frac{\varepsilon_{paper} \dfrac{\varepsilon_{oil} V_{oil} + \varepsilon_{stay} V_{stay}}{V_{oil} + V_{stay}} V}{\varepsilon_{paper}(V_{oil} + V_{stay}) + \dfrac{\varepsilon_{oil} V_{oil} + \varepsilon_{stay} V_{stay}}{V_{oil} + V_{stay}} V_{paper}} \tag{3-2}$$

式中：$\varepsilon_{\text{paper}}$、$\varepsilon_{\text{oil}}$、$\varepsilon_{\text{stay}}$ 是纸、油、撑条的相对介电常数；V_{paper}、V_{oil}、V_{stay} 是纸、油、撑条的体积。

等效相对介电常数之所以按体积计算，是因为在变流变压器的设计中考虑了各种材料的体积，以便实现更方便、更准确的计算。

绝缘纸筒、油和停留物的相对介电常数通过 Alpha-A 宽带介电光谱仪测量。纸筒和纸架的测量实验在圆盘（直径为 20 mm）上进行。油品实验直接使用液体槽进行，相对介电常数测试平台如图 3-2 所示。

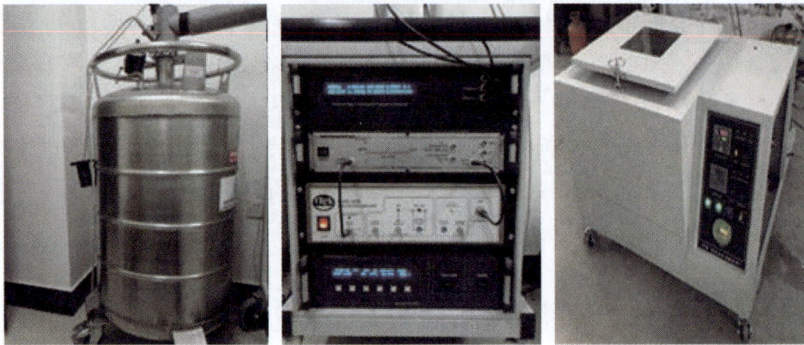

图 3-2 相对介电常数测试平台

实验步骤为：

（1）将圆盘首先在23℃下真空干燥2天，然后在100℃下干燥2天。干燥后，将圆盘在开放气氛（实验室中）中保持30min，以吸收空气中的水分。

（2）为了确保适当的浸渍过程，包括建立纸油流体动力学平衡和潜在气泡的沉淀，将样品用油封闭在玻璃瓶中。瓶子被保存在柜子里，恒温保持在 40℃。

（3）尽快将部分转移到水分提取炉中，然后使用卡尔费休设备测量水分。绝缘纸的含水率为 1.2%。

（4）使用吸收片清洁处理过的样品表面的多余油污，然后在不同温度下进行介电参数测量。

测量结果如表 3-1 所示。

表 3-1 每种材料的相对介电常数的测试结果

材料	相对介电常数
纸筒	4.5
油	2.2
撑条物	4.6

此处计算的换流变压器模型如图 3-3 所示。

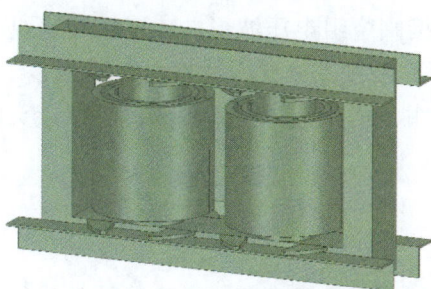

图 3-3　换流变压器的型号

根据式（3-2）计算的等效相对介电常数为 3.3；通过有限元软件 ANSYS MAXWELL，计算值 C_{clamp} 约为 7030pF。

3.1.1　接地电流的计算

PSCAD 可用于建模和计算换流变压器的接地电流，如图 3-4 所示，这是本书构建的 HVDC 系统的部分模型。

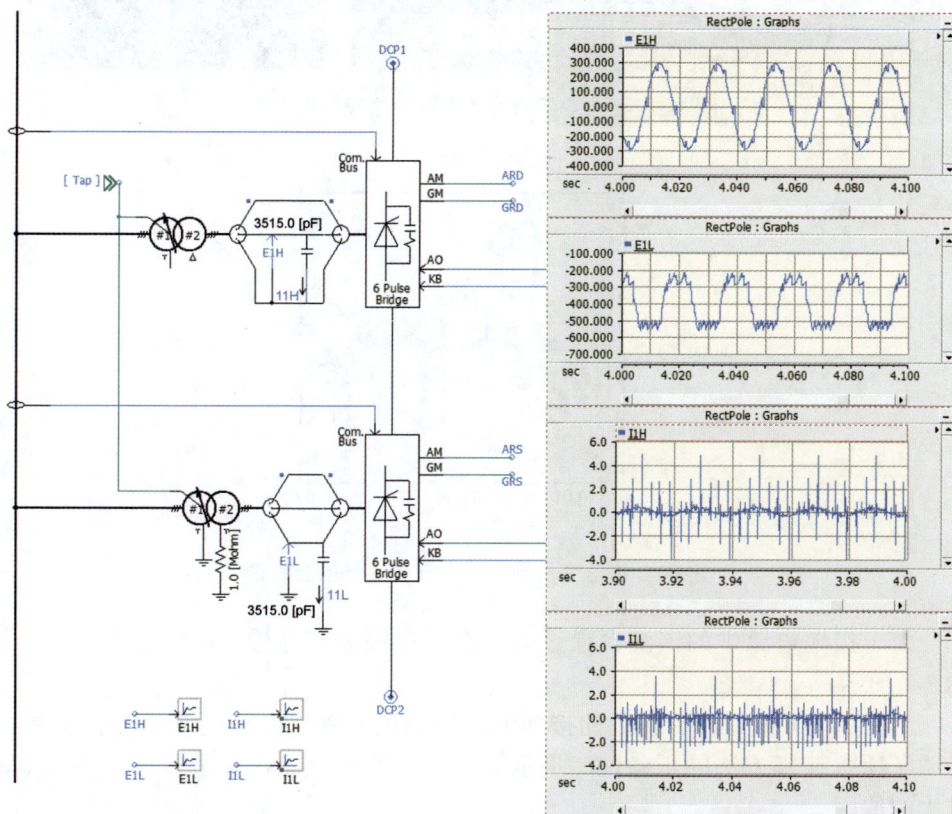

图 3-4　Ⅱ极低接地电流模型

图 3-4 右侧为 Δ 连接阀绕组电压波形、Y 连接阀绕组电压波形、Δ 连接换流变压器接地电流波形和 Y 连接换流变压器接地电流波形。

Y 型接头的阀门绕组电压谐波大于 Δ 接头；Y 型接头的阀门绕组电压谐波大于 ΔY 型接头。

3.1.2　实验测量

为了验证所提理论的正确性和有效性，在换流站进行了接地电流检测。换流变压器接地电流的现场检测装置如图 3-5 所示。换流变压器接地电流的现场检测波形如图 3-6 所示。

图 3-5　换流变压器接地电流的现场检测装置

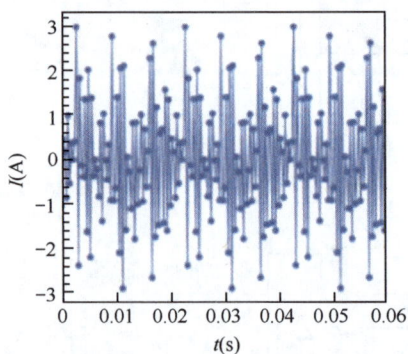

图 3-6　换流变压器接地电流的现场检测波形

由于接地电流中的谐波含量过高，因此在频谱中分析和比较会更直观，如图 3-7 所示。

由图 3-7 可知，计算得到的接地电流的频域分布规律与检测结果基本吻合，证明了所提计算方法的正确性，揭示了一些换流变压器在正常运行中接地电流过大的原因。

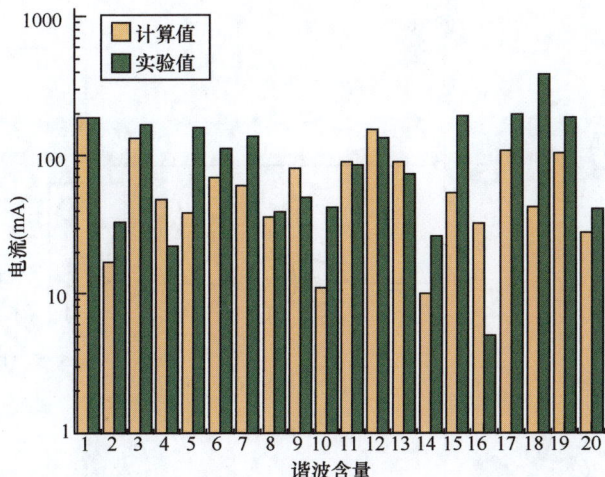

图 3-7　计算和实验的比较

为防止铁芯的尖角引发换流变压器内部的放电事故，铁芯表面设计有铁芯外屏蔽，并通过引线与夹件等结构件一同接地。因此，绕组与夹件系统之间的寄生电容远大于绕组与铁芯之间的寄生电容。换流变压器铁芯及夹件单点接地时，其阀侧绕组上由于换流阀整流逆变形成的直流电压分量和谐波电流分量对换流变压器夹件系统的接地电流影响也远大于对铁芯接地电流的影响。

为了更直观地验证不同工况下换流变压器铁芯及夹件的接地电流的产生机理，利用电磁暂态仿真软件 PSCAD 对不同工况下换流变压器铁芯及夹件接地电流进行仿真实验。不同工况对应的施加条件与方法为：

（1）极性反转：将阀组上下两端（接输电线路和接地）反接。

（2）闭锁：通过设置触发信号控制阀组闭锁。

（3）谐波和直流偏磁：调整触发角即可获得谐波和直流偏磁。

图 3-8 为直流输电系统，图 3-9 为接地电池仿真。

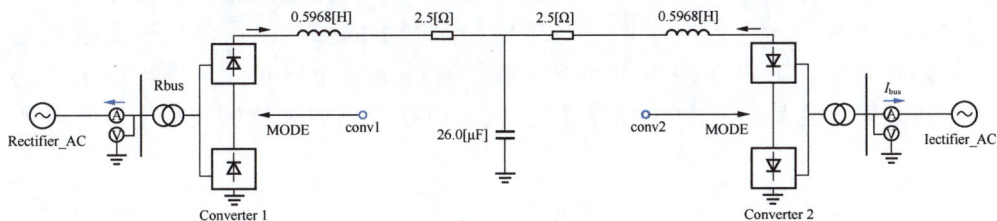

图 3-8　直流输电系统

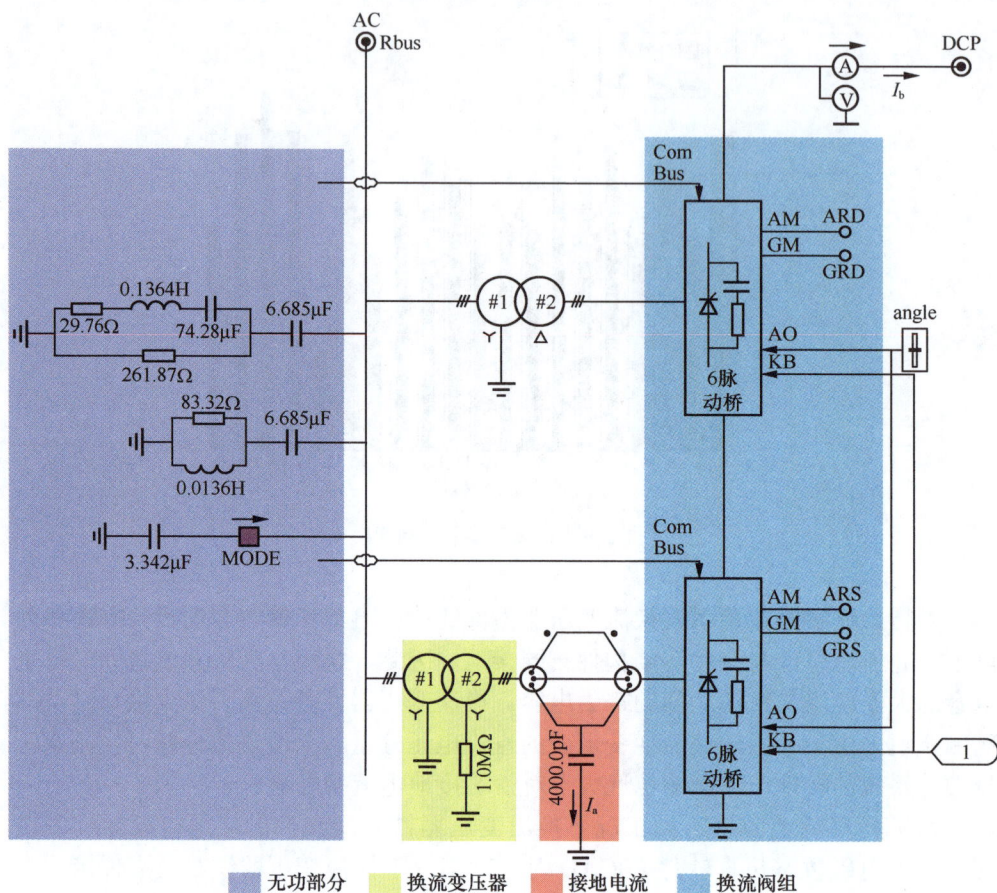

图 3-9　接地电流仿真

图 3-10 为换流变压器阀侧绕组电压，图 3-11 为换流变压器夹件系统接地电流，图 3-12 为换流变压器阀侧绕组电压频谱分析。通过对以上五种工况下（系统启动、极性反转、故障闭锁后重新启动、谐波和直流偏磁下闭锁再启动、谐波和直流偏磁）的接地电流进行仿真，对所提的换流变压器接地电流产生机理进行分析，证明了谐波对接地电流产生的影响：换流变压器接地电流作为容性电流，高压绕组中谐波次数越高，谐波电压越大，则接地电流越大，其数值可轻易超越 300mA 的注意值。而在无谐波干扰的情况下，直流闭

锁、极性反转和启停均不会使接地电流过大。图 3-13 为换流变压器接地电流频谱分析。

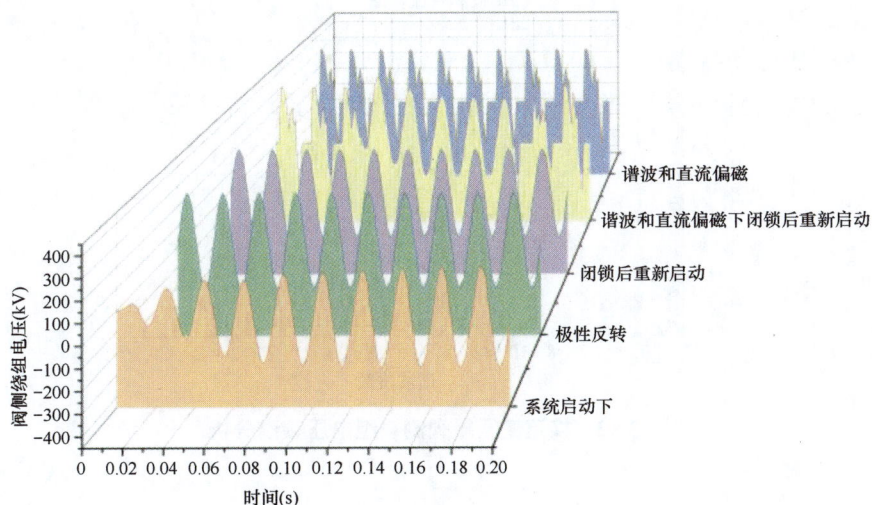

图 3-10　换流变压器阀侧绕组电压

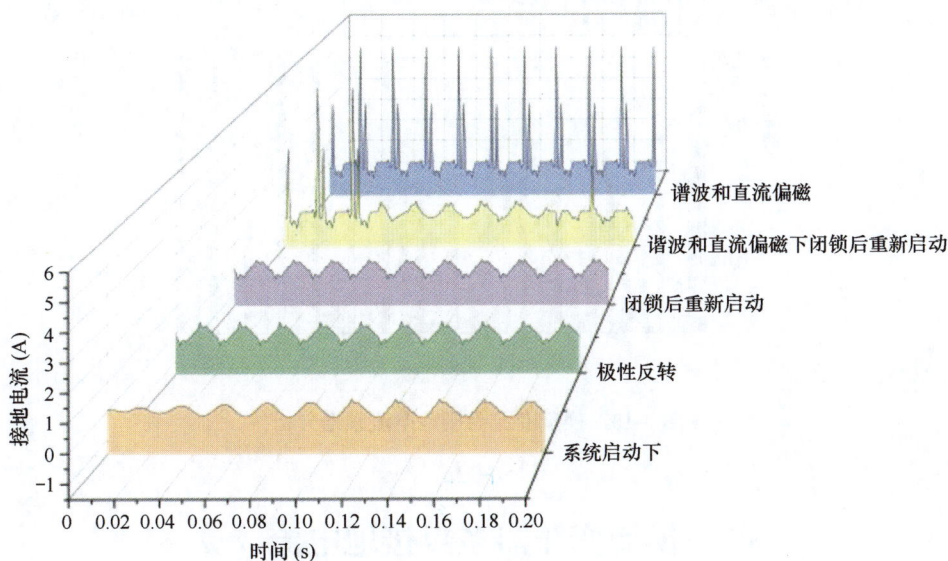

图 3-11　换流变压器夹件系统接地电流

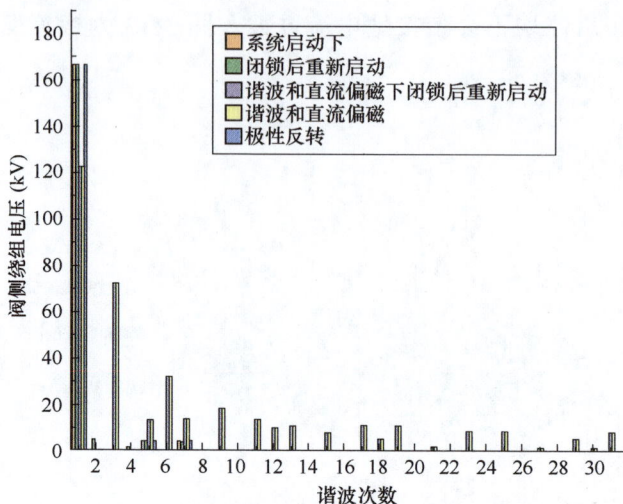

图 3-12 换流变压器阀侧绕组电压频谱分析

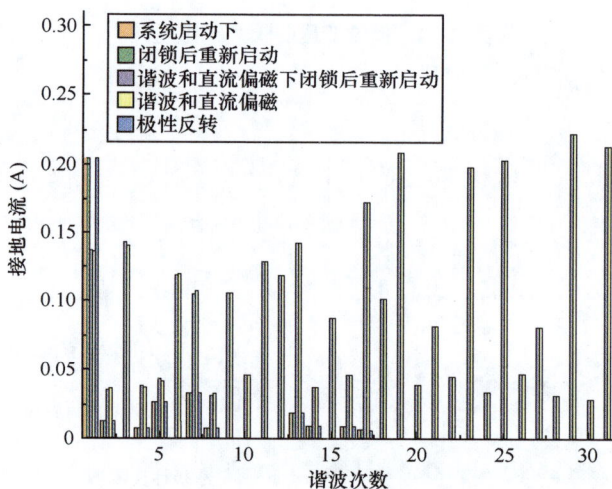

图 3-13 换流变压器接地电流频谱分析

3.2 换流变压器多点接地电流计算

首先确定涂层电工钢板的表面电阻，测量可按 IEC60404-11A 的测量方法进行。根据图 3-14 所示的设备，30ZH120 电工钢板的表面电阻为 46.787 $\Omega \cdot cm^2$。电工钢板的电阻计算式见式（2-22）。

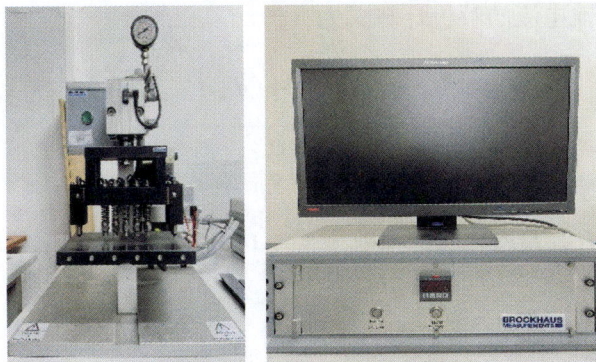

图 3-14　FT600 检测装置

根据式（2-22），电路电阻的计算方法为

$$R_m = \frac{\rho_s d_m}{S_m d_0}$$　　　　　　（3-3）

式中：d_m 为第 m 级铁芯的厚度；d_0 是单层电工钢板的厚度。

将铁芯从内到外分为九级，每级铁芯的电阻参数如表 3-2 所示。

表 3-2　每级铁芯的电阻参数

级数	面积（mm²）	单层电阻（Ω）	层数	每级电阻（Ω）
1	550800	0.009393174	70	0.65752215
2	545325	0.00948748	30	0.284624398
3	517150	0.01000437	40	0.400174804
4	482900	0.010713937	40	0.428557465
5	430825	0.01200896	30	0.360268787
6	378000	0.013687196	23	0.319367901
7	359175	0.014404566	20	0.28809132

根据等效原理，随机选取 6 个故障接地点，计算出多点接地故障。6 个故障点的位置如图 3-15 所示。

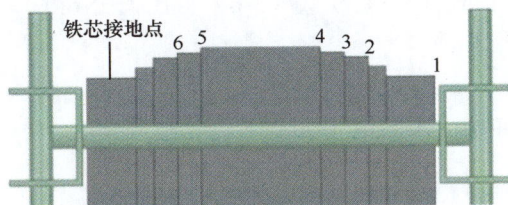

图 3-15　6 个故障接地点位置

铁芯多点接地电流的解析计算式为

$$I = \frac{\sum_1^n 4.44 f_n B_n A}{\sum_1^m \frac{\rho_s d_m}{S_m d_0}} \qquad (3\text{-}4)$$

式中：n 是谐波阶；f_n 为第 n 次谐波频率；B_n 是第 n 次谐波频率下的磁密度；A 是磁通量面积。

详细的计算值如表 3-3 所示。

表 3-3　接地电流的分析计算

故障点	感应电压（V）	回路电阻（Ω）	接地电流（mA）
1	2.638359	5.641703926	467.6528642
2	2.195469	4.109044696	534.3015621
3	1.993005	3.697053808	539.0792517
4	1.777887	3.312348403	536.745168
5	0.639027	1.450060533	440.6898783
6	0.423909	1.065355129	397.9039369

3.2.1　多点接地电流的有限元仿真

为了降低计算复杂度，保证仿真的可靠性，基于均一化建模理论，考虑趋肤效应，计算磁芯在各级的电阻率。趋肤深度的计算式为

$$\delta_m = \sqrt{\frac{\rho_m}{\pi f \mu}} \qquad (3\text{-}5)$$

式中：δ_m 是第 m 级核心的集肤深度；ρ_m 是第 m 层核心的电阻率；μ 是渗透性。

由式（3-5）可得趋肤效应下电阻值，即

$$R_m = \frac{d_m \rho_m}{l_m \delta_m} \qquad (3\text{-}6)$$

式中：l_m 是在趋肤效应影响下聚集在边界处的电流长度。

电阻率的计算方法可由式（3-5）和式（3-6）得出，公式为

$$\rho_m = \frac{R_m^2 l_m^2}{\pi f \mu d_m^2} \qquad (3\text{-}7)$$

将式（3-6）代入，可得

$$\rho_m = \frac{\rho_s^2 l_m^2}{\pi f \mu d_0^2 S_m^2} \qquad (3\text{-}8)$$

最后，得到了磁芯的等效各向异性电导率矩阵，即

$$\boldsymbol{\rho}_{mm} = \begin{bmatrix} \dfrac{\rho_s^2 l_m^2}{\pi f \mu d_0^2 S_m^2} & & \\ & F_\rho & \\ & & F_\rho \end{bmatrix} \tag{3-9}$$

铜线用作等效故障电路的一部分。FEM 计算和实验条件相同，不同故障点多点接地电流的电流密度云图如图 3-16 所示。

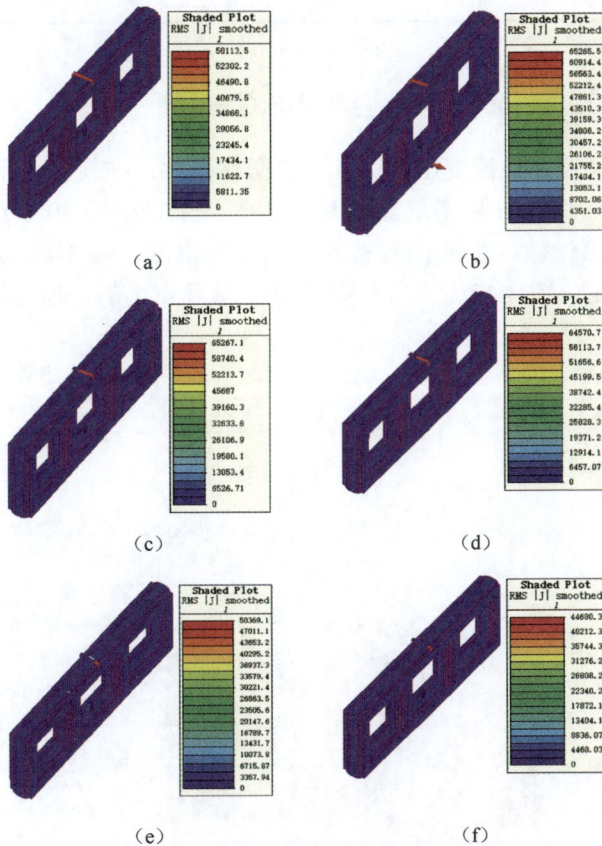

图 3-16　故障接地时电流密度云图

（a）第 1 点；（b）第 2 点；（c）第 3 点；（d）第 4 点；（e）第 5 点；（f）第 6 点

故障电路可设置为单匝线圈，通过观察线圈上的电流值可以得到多点接地电流值。不同点接地电流的 FEM 计算结果如表 3-4 所示。

表 3-4　接地电流的有限元计算

故障点	感应电压（V）	接地电流（mA）
1	2.74	471.14
2	2.25	532.99
3	2.03	535.21
4	1.8	530.56
5	0.633	419.66
6	0.416	375.39

3.2.2　谐波和直流偏置对多点接地电流的影响

谐波和直流偏置是换流变压器运行中的必然条件，在换流变压器多点接地的计算和机理分析中必须加以考虑。计算了 30% 三次谐波、30% 五次谐波、30% 次谐波、30% 九次谐波、直流偏置条件下的接地电流。图 3-18 显示了不同谐波下初级绕组的电压，图 3-19 显示了不同谐波下故障点 1 的接地电流。

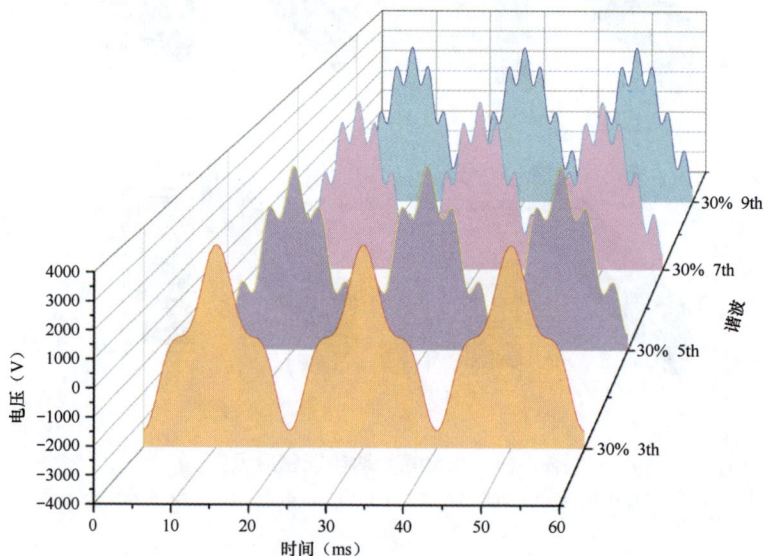

图 3-17　初级绕组在不同谐波下的电压

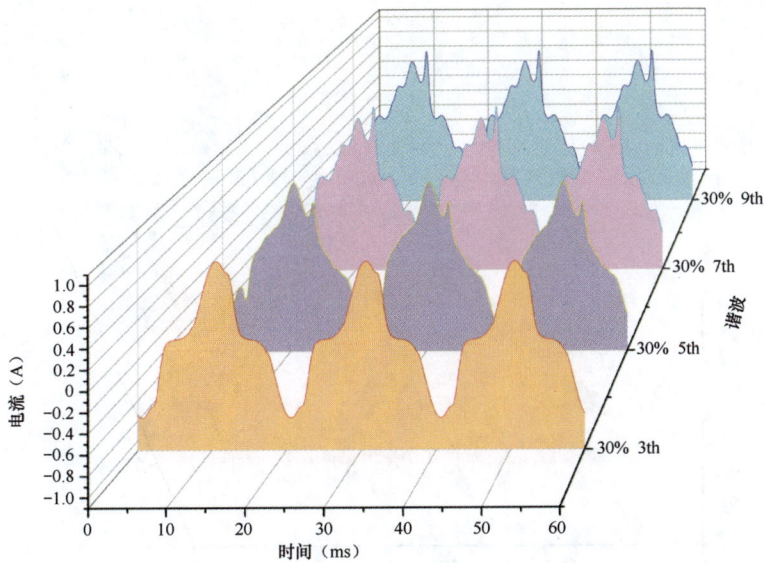

图 3-18　不同谐波下故障点 1 的接地电流

从图 3-17 和图 3-18 可以看出，绕组电压的谐波情况对多点接地电流的有效值影响相对较小，但对多点接地电流的谐波情况影响显著。

图 3-19 显示了不同直流偏置下故障点 1 的激励电流，图 3-20 显示了不同直流偏置下的多点接地电流。

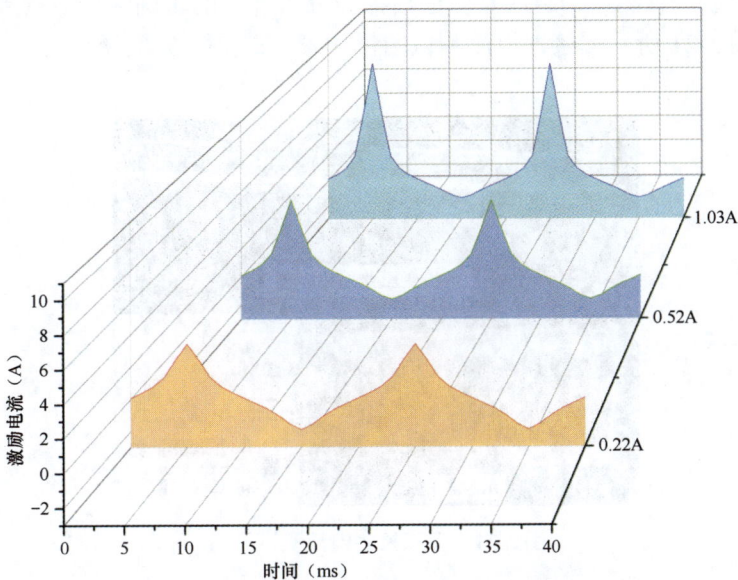

图 3-19　不同直流偏置下故障点 1 的激励电流

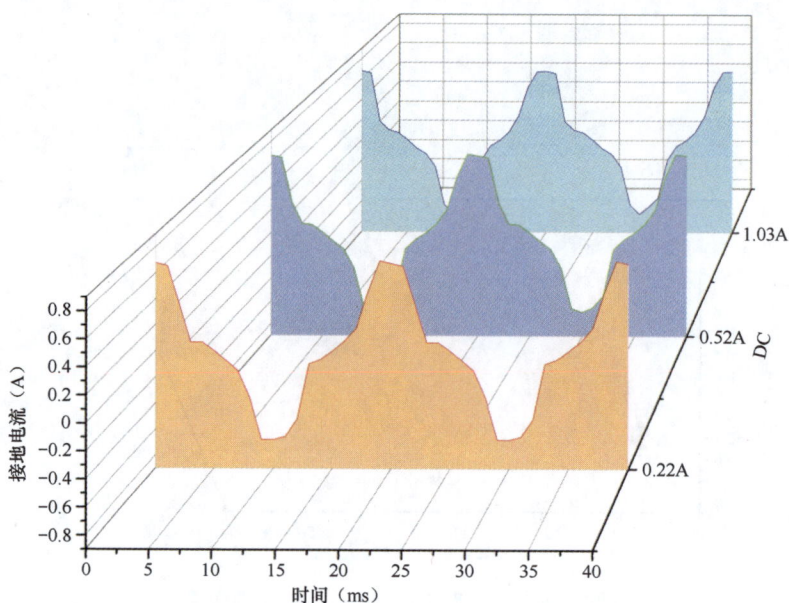

图 3-20 不同直流偏置下故障点 1 的接地电流

3.2.3 多点接地电流实验

为了保证与仿真结果的一致性，本实验采用空载测试，使用示波器测量故障电路的电流值。该测试的目的是验证模拟和分析计算的正确性。多点接地电流测试平台如图 3-21 所示，接地电流测试的值如表 3-5 和图 3-22 所示。

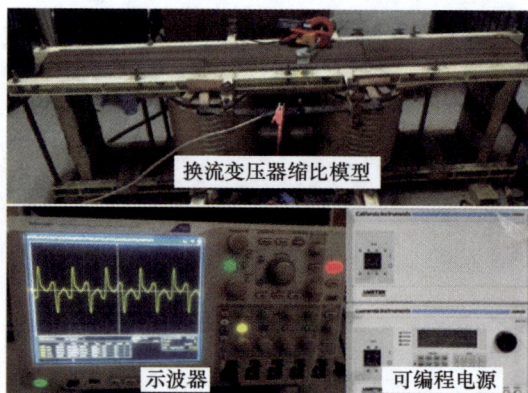

换流变压器缩比模型

示波器

可编程电源

图 3-21 多点接地电流测试平台

点位	电流（mA）	点位	电流（mA）
1	477	4	544
2	553	5	476
3	551	6	387

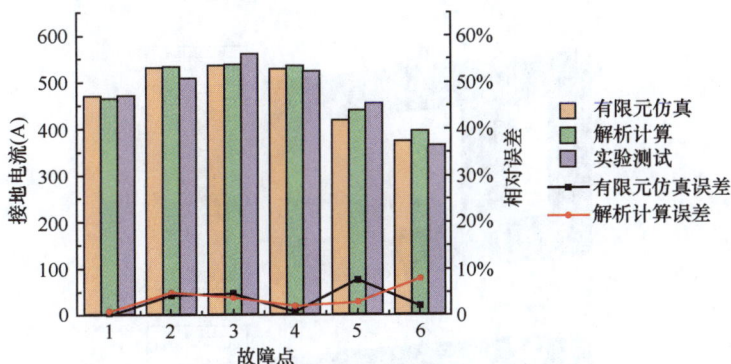

图 3-22　三种结果对比

在验证了有限元法的有效性之后，又对一台型号为 ZZDFPZ- 412300/750-200 的换流变压器进行多点接地有限元仿真分析。图 3-23 所示为 750kV 换流变压器模型。

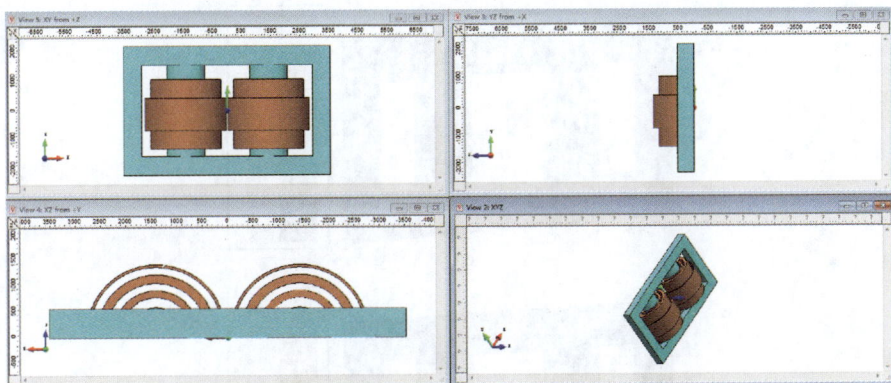

图 3-23　750kV 换流变压器模型

图 3-24 所示为换流变压器接地片和故障接地点位置，其中 1～10 所示位置即为十个故障接地点所在的位置。图 3-25 为换流变压器铁芯不同故障接地点接地电流云。

接地片

10 9 8 7 6 5 4 3 2 1

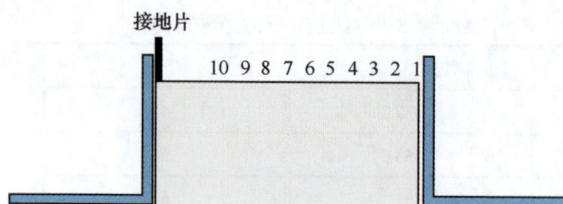

图 3-24　换流变压器接地片和故障接地点位置

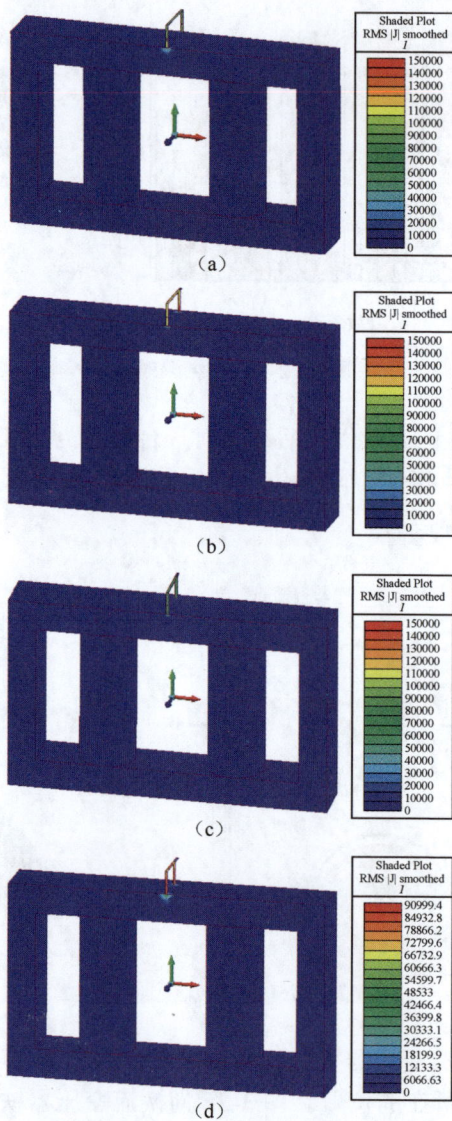

（a）

（b）

（c）

（d）

图 3-25　换流变压器铁芯不同故障接地点接地电流云图 （一）

（a）故障点 1；（b）故障点 2；（c）故障点 3；（d）故障点 4

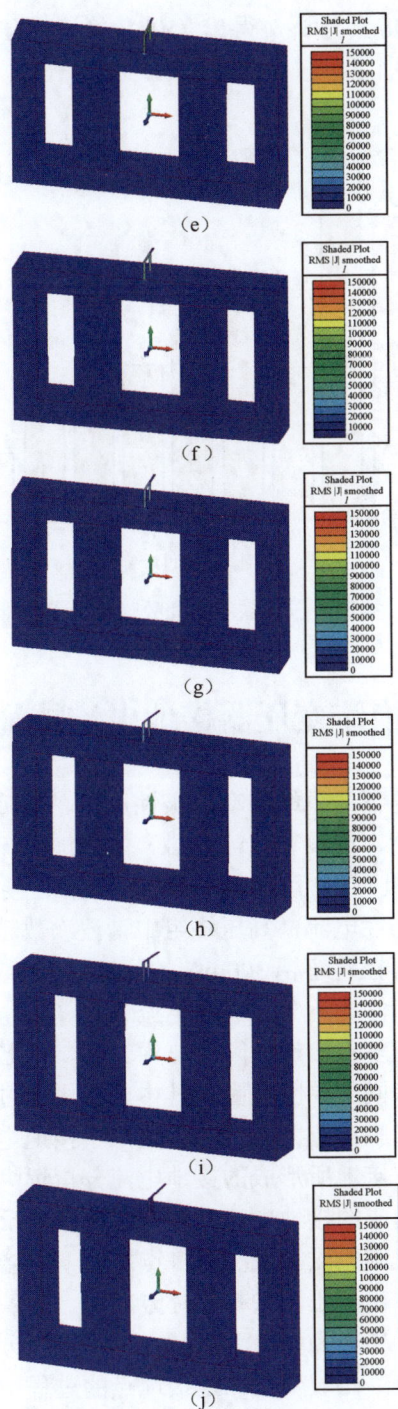

图 3-25　换流变压器铁芯不同故障接地点接地电流云图　（二）
（e）故障点 5；（f）故障点 6；（g）故障点 7；（h）故障点 8；（i）故障点 9；（j）故障点 10

通过上述有限元法仿真分析，得出 750kV 换流变压器铁芯不同故障接地点接地电流值，如图 3-26 所示。

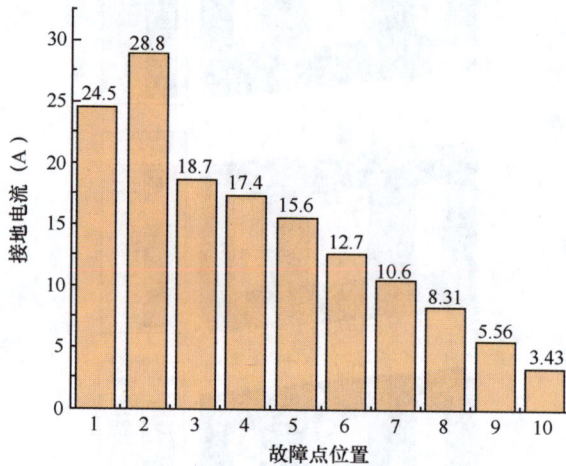

图 3-26　换流变压器铁芯不同故障接地点接地电流值

3.3　换流变压器接地电流特征分析

通过对以上五种工况下（系统启动、极性反转、故障闭锁后重新启动、谐波和直流偏磁下闭锁再启动、谐波和直流偏磁）的接地电流进行仿真，对所提的换流变压器接地电流产生机理进行分析，证明了谐波对接地电流产生的影响：换流变压器接地电流作为容性电流，高压绕组中谐波次数越高，谐波电压越大，则接地电流越大，其数值可轻易超越 300mA 的注意值。而在无谐波干扰的情况下，直流闭锁、极性反转和启停均不会使接地电流过大。

当换流变压器中发生多点接地故障时，由铁芯、铁芯接地引线和故障接地路径形成的故障电路可以等同于单匝线圈，其中电压由通过线圈的磁通量决定，线圈的阻抗由铁芯的绝缘漆膜决定。以上两者决定了接地电流值的大小。当发生多点接地故障时，由于多点接地所形成的接地电流分量远大于由于通过绕组和铁芯夹件之间寄生电容耦合形成的接地电流分量，因此极性反转、启停、故障后再启动、直流闭锁、谐波、直流偏磁等工况对多点接地下的接地电流影响较小。

通过试验结果分析，在变压器铁芯叠片方向上，故障点位置距离铁芯接地片由远到近，接地电流变化趋势为先增大后减小。进一步分析原因为接地点距离与感应电势和电阻均正相关，在故障点靠近接地点的过程中，感应电势的衰减率远小于回路电阻的衰减率，导致了接地电流极值点的出现。

4 基于智能算法的换流变压器接地故障诊断方法

4.1 概 述

智能算法在故障诊断中的应用非常广泛，在电力系统中，变压器作为关键设备，其故障诊断尤为重要。研究者们基于深度学习算法的变压器故障诊断，应用深度学习算法，例如深度神经网络（deep neural network，DNN）、稀疏受限玻尔兹曼机（sparse restricted Boltzmann machine，SRBM）、深度置信网络（deep belief network，DBN）等，进行变压器故障的诊断。这些算法能够处理大量数据，自动识别故障特征，提高故障诊断的准确性和效率。研究人员还基于人工智能的变压器故障诊断综述，探讨了人工智能技术在溶解气体分析（dissolved gas analysis，DGA）数据挖掘中的应用，这些技术包括神经网络、聚类、支持向量机等。

智能算法的核心优势在于其能够从经验中学习并改进性能，不断优化解决方案以适应新的数据和情况。在变压器行业中，这些智能技术的应用有助于提高变压器早期故障诊断的性能。具体的智能算法应用涉及多个领域，包括状态监测与诊断、预测性维护、负荷管理与优化、效率优化。下面是一些具体的算法及其应用细节。

4.1.1 状态监测与诊断

4.1.1.1 支持向量机（support vector machine，SVM）

应用：用于分类变压器的健康状态。例如，将变压器的工作数据（如温度、振动等）分类为"正常""警告"或"故障"。

优势：SVM 能够有效处理高维数据，适合于样本较小但特征较多的场景。

4.1.1.2 决策树

应用：通过构建决策树模型对变压器状态进行诊断。可以根据不同的传感器读数进行分类，判断变压器是否存在潜在故障。

优势：易于理解和解释，可以处理复杂的决策规则。

4.1.1.3　神经网络

应用：用于异常检测和故障预测。深度学习神经网络（如卷积神经网络 CNN）能够从大量传感器数据中提取复杂的模式。

优势：具有强大的特征提取能力，适合处理高维和非线性的数据。

4.1.2　预测性维护

4.1.2.1　回归分析

应用：预测变压器的剩余使用寿命（remaining useful life，RUL）。通过回归模型分析历史数据和运行条件，预测变压器的故障时间。

优势：适用于时间序列数据的建模，可以提供连续的预测值。

4.1.2.2　长短期记忆网络（long short-term memory，LSTM）

应用：处理变压器的时间序列数据，预测未来的负荷和故障。LSTM 网络能够捕捉长期依赖关系，适合处理具有时间序列特征的数据。

优势：特别适合于处理和预测具有长时间依赖关系的数据。

4.1.3　负荷管理与优化

4.1.3.1　遗传算法

应用：用于优化变压器的负荷分配。遗传算法可以在复杂的负荷调度问题中找到接近最优的解决方案。

优势：能够处理多目标优化问题，适合于求解复杂的优化问题。

4.1.3.2　粒子群优化（particle swarm optimization，PSO）

应用：优化变压器的运行参数和负荷分配。PSO 算法通过模拟粒子群体的社会行为寻找最优解。

优势：收敛速度较快，适合用于连续优化问题。

4.1.4　效率优化

4.1.4.1　模糊逻辑控制（fuzzy logic control，FLC）

应用：调节变压器的冷却系统，优化能效。模糊逻辑控制器能够处理不确定性和模糊性，提供平滑的控制策略。

优势：能够处理复杂的、非线性的控制问题，适合于具有不确定性的环境。

4.1.4.2 强化学习

应用：优化变压器的能效和操作策略。强化学习算法通过与环境的交互学习最佳策略，能够自适应调整操作参数。

优势：能够在复杂和动态的环境中学习最佳策略，适应性强。

在变压器行业的监测与诊断中，数据融合与集成、实时处理以及算法解释性是三个关键领域。面对不同传感器和数据源的集成问题，数据融合技术如卡尔曼滤波被用来综合不同来源的数据，从而提升数据的准确性和完整性。实时处理方面，为了满足复杂算法的实时计算需求，边缘计算和分布式计算架构被采用以提升计算效率和减少响应时间。同时，为了解决高级算法如深度学习的"黑箱"问题，提高算法的透明度和可解释性，解释性模型和可视化工具被结合使用。通过这些技术，变压器行业能够实现更精确的监测和诊断、更高效的预测性维护、更优化的负荷管理和更智能的能效优化，这些技术的应用不仅提升了变压器的运行效率，也降低了维护成本，增强了系统的可靠性。接下来的讨论将聚焦于状态监测与诊断领域中的智能算法，包括这些算法的具体内容以及它们在变压器状态监测与诊断中的应用。

4.2 智　能　算　法

4.2.1 状态监测与诊断中的智能算法

4.2.1.1 支持向量机

支持向量机是一类按监督学习方式对数据进行二元分类的广义线性分类器，其决策边界是对学习样本求解的最大边距超平面。SVM 使用铰链损失函数计算经验风险并在求解系统中加入了正则化项以优化结构风险，是一个具有稀疏性和稳健性的分类器。SVM 可以通过核方法进行非线性分类，是常见的核学习方法之一。

SVM 用于异常检测时，可对变压器的健康状态进行分类。基于传感器数据（如温度、振动、电流、电压等），SVM 可以将数据分为"正常""警告"或"故障"状态。

其工作原理为，SVM 通过构建一个最优的超平面，将不同类别的数据点分开。在变压器状态监测中，SVM 可以使用具有标注的历史数据来训练模型，确保分类器能准确区分正常状态和异常状态。SVM 的优势为：①适合高维数据处理；②对于样本较小但特征较多的场景表现良好；③高精度的分类能力。但不足的是需要进行参数调优以获得最佳性能；对数据质量敏感，需要充分的数据预处理。

4.2.1.2　决策树

决策树（decision tree）是一种以树形数据结构来展示决策规则和分类结果的模型，作为一种归纳学习算法，其重点是将看似无序、杂乱的已知数据，通过某种技术手段将它们转化成可以预测未知数据的树状模型，每一条从根结点（对最终分类结果贡献最大的属性）到叶子结点（最终分类结果）的路径都代表一条决策的规则。

决策树的优势为，易于理解和实现，在学习过程中不需要使用者了解很多的背景知识，这同时是它的能够直接体现数据的特点，使得经过简单解释后，大多数人都能理解决策树所表达的意义。对于决策树，数据的准备往往是简单或者是不必要的，它能够同时处理数据型和常规型属性，在相对短的时间内能够对大型数据源做出可行且效果良好的结果。决策树易于通过静态测试来对模型进行评测，可以测定模型可信度；如果给定一个观察的模型，那么根据所产生的决策树很容易推出相应的逻辑表达式。决策树的缺点为：①容易过拟合，对于复杂的故障模式，可能不够准确；②对连续性的字段比较难预测；③对有时间顺序的数据，需要很多预处理的工作；④当类别太多时，错误可能就会增加得比较快。在一般的算法分类中，决策树可能倾向于基于单个字段进行分类，这可能忽略了字段之间的相互作用和复杂关系。

4.2.1.3　神经网络

神经网络（artificial neural network，ANN）是一种运算模型，由大量的节点（或称神经元）之间相互联接构成。每个节点代表一种特定的输出函数，称为激励函数。每两个节点间的连接都代表一个对于通过该连接信号的加权值，称之为权重，这相当于人工神经网络的记忆。网络的输出则依网络的连接方式，权重值和激励函数的不同而不同。而网络自身通常都是对自然界某种算法或者函数的逼近，也可能是对一种逻辑策略的表达。

神经网络（特别是深度学习模型如卷积神经网络 CNN 和长短期记忆网络 LSTM）能够从大量的传感器数据中学习复杂的模式，用于异常检测和故障预测。

神经网络的特点和优越性，主要表现在：

（1）具有自学习功能。例如实现图像识别时，只在先把许多不同的图像样板和对应的应识别的结果输入人工神经网络，网络就会通过自学习功能，慢慢学会识别类似的图像。

（2）具有联想存储功能。用人工神经网络的反馈网络就可以实现这种联想。

（3）具有高速寻找优化解的能力。寻找一个复杂问题的优化解，往往需要很大的计算量，利用一个针对某问题而设计的反馈型人工神经网络，发挥计算机的高速运算能力，可能很快找到优化解。然而由于模型复杂度高，需要大量的数据进行训练；训练过程可能需要大量的计算资源，且模型解释性较差。

4.2.1.4 自回归积分滑动平均模型

自回归积分滑动平均（ARIMA）模型是一种时间序列预测统计方法。它是一类在时间序列数据中捕获一组不同标准时间结构的模型。预测方程中平稳序列的滞后称为"自回归"项，预测误差的滞后称为"移动平均"项，需要差分才能使其平稳的时间序列被称为平稳序列的"综合"版本。随机游走和随机趋势模型、自回归模型和指数平滑模型都是 ARIMA 模型的特例。

ARIMA 模型可以被视为一个"过滤器"，它试图将信号与噪声分开，然后将信号外推到未来以获得预测。ARIMA 模型特别适合于拟合显示非平稳性的数据。

ARIMA 模型建立一般步骤为：

（1）首先需要对观测值序列进行平稳性检测，如果不平稳，则对其进行差分运算，直到差分后的数据平稳。

（2）在数据平稳后则对其进行白噪声检验，白噪声是指零均值常方差的随机平稳序列。

（3）如果是平稳非白噪声序列，则计算 ACF（自相关系数）、PACF（偏自相关系数），进行 ARIMA 等模型识别。

（4）对已识别好的模型，确定模型参数，最后应用预测并进行误差分析。

ARIMA 模型应用于预测变压器的状态变化（如温度、负荷等），帮助预测未来的异常或故障。ARIMA 模型结合了自回归（AR）成分、滑动平均（MA）成分和积分（I）成分，用于处理和预测时间序列数据。ARIMA 模型能够处理和预测一维时间序列数据；在数据稳定性较好的情况下，表现良好。但 ARIMA 模型对时间序列数据的稳定性和线性假设有较高要求；不适用于处理高度非线性和复杂的时序模式。

4.2.1.5 K-均值聚类

聚类分析是机器学习领域中的一种无监督学习方法，它能够在没有先验知识或标签信息的情况下，通过挖掘数据中的内在结构和规律，将数据对象自动划分为多个类别或簇。每个簇内的对象具有高度的相似性，不同簇间的对象表现出明显的差异性。聚类分析的重要性主要体现在：①可以帮助我们理解数据的分布和特征，发现潜在的数据模式；②通过聚类，可以识别出数据中的异常值或噪声，提高数据质量；③聚类分析还可以为后续的监督学习提供有价值的先验知识，如通过聚类结果初始化分类器的参数等。

在众多聚类算法中，K-均值算法因其简单高效而备受青睐。K-均值算法的基本思想是：通过迭代的方式，将数据划分为 K 个不同的簇，并使得每个数据点与其所属簇的质心（或称为中心点、均值点）之间的距离之和最小。

具体来说，K-均值算法执行过程的步骤为：首先，随机选择 K 个数据点作为初始的簇质心；然后，根据每个数据点与各个簇质心的距离，将其分配给最近的簇；接着，重新计算每个簇的质心，即取簇内所有数据点的平均值作为新的质心；重复上述的分配和更新步骤，直到满足某种终止条件（如簇质心不再发生显著变化或达到预设的迭代次数）。

K-均值算法的优点在于其直观易懂、计算速度快且易于实现。然而，它也存在一些局限性，如对初始簇质心的选择敏感、可能陷入局部最优解以及需要预先设定聚类数 K 等。因此，在实际应用中，需要根据具体的问题和数据特点来选择合适的聚类算法，并可能需要对算法进行优化或改进以适应特定的需求。

K-均值聚类主要应用于异常模式识别，其可将变压器的运行数据分成不同的簇，从而识别出异常模式或不寻常的行为。K-均值算法通过最小化簇内数据点到簇中心的距离，将数据分为 K 个簇。对于变压器数据，可以将数据点根据相似性进行分组，从而识别出异常簇。

K-均值聚类的优势为简单且易于实现；可以处理大规模的数据集。但由于需要预设簇的数量 K，且对初始簇中心的选择敏感；对于簇形状和大小不均的数据集表现不佳。

这些智能算法在变压器的状态监测和诊断中扮演了重要角色。支持向量机、决策树、神经网络、ARIMA 模型和 K-均值聚类各有优缺点，适用于不同的监测和诊断需求。通过合理选择和结合这些算法，能够提高变压器的健康状态监测和故障诊断的准确性和效率，从而降低维护成本，提升设备的可靠性和运行效率。

下文重点介绍神经网络中的概率神经网络（probabilistic neural networks，PNN）。

4.2.2 概率神经网络

概率神经网络结构简单，容易设计算法，能用线性学习算法实现非线性学习算法的功能，在模式分类问题中获得了广泛应用，MATLAB 提供的 newpnn 函数可以方便地设计概率神经网络。概率神经网络可以视为一种径向基神经网络，在

RBF 网络的基础上，融合了密度函数估计和贝叶斯决策理论。在某些易满足的条件下，以 PNN 实现的判别边界渐进地逼近贝叶斯最佳判定面。

4.2.2.1 模式分类的贝叶斯决策理论

概率神经网络的理论基础是贝叶斯最小风险准则，即贝叶斯决策理论。为分析过程简单起见，假设分类问题为二分类：$c = c_1$ 或 $c = c_2$。先验概率为：

$$h_1 = p(c_1), h_2 = p(c_2), h_1 + h_2 = 1 \qquad (4\text{-}1)$$

给定输入向量 $\boldsymbol{x} = [x_1, x_2, \cdots, x_n]$ 为得到的一组观测结果，进行分类的依据为

$$c = \begin{cases} c_1, p(c_1|x) > p(c_2|x) \\ c_2, \text{其他} \end{cases} \qquad (4\text{-}2)$$

$p(c_1|x)$ 为 x 发生情况下，类别 c_1 的后验概率。根据贝叶斯公式，后验概率可表示为

$$p(c_1|x) = \frac{p(c_1)p(x|c_1)}{p(x)} \qquad (4\text{-}3)$$

分类决策时，应将输入向量分到后验概率较大的那个类别中。实际应用中往往还需要考虑到损失与风险，将 c_1 类的样本错分为 c_2 类，和将 c_2 类的样本错分为 c_1 类所引起的损失往往相差很大，因此需要调整分类规则。定义动作 α_i 为将输入向量指派到 c_i 的动作，λ_{ij} 为输入向量属于 c_j 时采取动作 α_i 所造成的损失，则采取动作 α_i 的期望风险为

$$R(\alpha_i|x) = \sum_{j=1}^{N} \lambda_{ij} p(\alpha_j|x) \qquad (4\text{-}4)$$

假设分类正确的损失为零，将输入归为 c_1 类的期望风险为

$$R(c_1|x) = \lambda_{12} p(c_2|x) \qquad (4\text{-}5)$$

则贝叶斯判定规则变成

$$c = \begin{cases} c_1, R(c_1|x) < R(c_2|x) \\ c_2, \text{其他} \end{cases} \qquad (4\text{-}6)$$

写成概率密度函数的形式，有

$$R(c_i|x) = \sum_{j=1}^{N} \lambda_{ij} p(c_j|x) f_i \qquad (4\text{-}7)$$

$$c = c_i, i = \arg\min\left(R(c_i|x)\right) \qquad (4\text{-}8)$$

式中：f_i 为类别 c_j 的概率密度函数。

4.2.2.2 概率神经网络的网络结构

图 4-1 为概率神经网络的网络结构图，概率神经网络一般有输入层、模式层、求和层和输出层。有的学者中也把模式层称为隐含层，把求和层称为竞争层。其中，输入层负责将特征向量传入网络，输入层个数是样本特征的个数。模式层通过连接权值与输入层连接。计算输入特征向量与训练集中各个模式的匹配程度（相似度），将其距离送入高斯函数得到模式层的输出。模式层的神经元的个数是输入样本矢量的个数，有多少个样本，该层就有多少个神经元。求和层负责将各个类的模式层单元连接起来，这一层的神经元个数是样本的类别数目。输出层负责输出求和层中得分最高的一类。

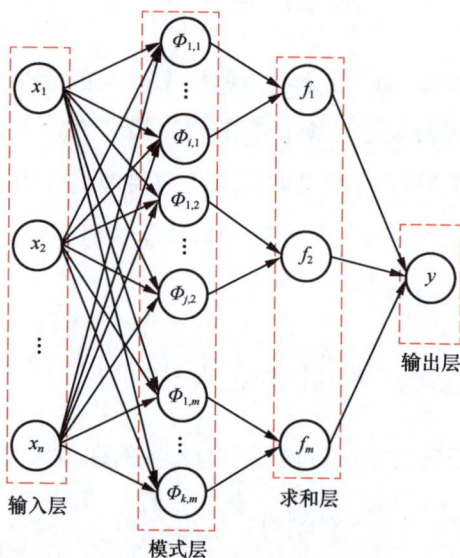

图 4-1 概率神经网络的网络结构图

第二层模式层（隐含层）是径向基层，每一个隐含层的神经元节点拥有一个中心，该层接收输入层的样本输入，计算输入向量与中心的距离，最后返回一个标量值，神经元个数与输入训练样本个数相同。向量 x 输入到隐含层，隐含层中第 i 类模式的第 j 神经元所确定的输入 / 输出关系定义为

$$\Phi_{ij}(x) = \frac{1}{(2\pi)^{\frac{1}{2}}\sigma^d}e^{-\frac{(x-x_{ij})(x-x_{ij})^{\mathrm{T}}}{\sigma^2}} \tag{4-9}$$

式中：$i=1,2,\cdots,M$，M为训练样本中的总类数；d为样本空间数据的维数；x_{ij}为第i类样本的第j个中心。

求和层把隐含层中属于同一类的隐含神经元的输出作加权平均，即

$$v_i = \frac{\sum_{j=1}^{L}\Phi_{ij}}{L} \tag{4-10}$$

式中：v_i表示第i类类别的输出；L表示第i类的神经元个数，求和层的神经元个数与类别数M相同。

输出层取求和层中最大的一个作为输出的类别，即

$$y = \arg\max(v_i) \tag{4-11}$$

在实际计算中，输入层的向量先与加权系数相乘，再输入到径向基函数中进行计算，即

$$Z_i = x\omega_i \tag{4-12}$$

假定x和ω均已标准化成单位长度，然后对结果进行径向基运算，$e^{[(Z_i-1)/\sigma^2]}$，这相当于：$e^{\left[-\frac{(\omega_i-x)^{\mathrm{T}}(\omega_i-x)}{2\sigma^2}\right]}$。

σ为平滑因子，对网络性能起着至关重要的作用。这里需要注意的是求和层，在求和层中，每一个类别对应于一个神经元。隐含层的每个神经元已被划分到了某个类别。PNN网络采用有监督学习，这是在训练数据中指定的。求和层中的神经元只与隐含层中对应类别的神经元有连接，与其他神经元则没有连接，这是PNN与RBF函数网络最大的区别。这样，求和层的输出与各类基于内核的概率密度的估计成比例，通过输出层的归一化处理，就可以得到各类的概率估计。网络的输出层由竞争神经元构成，神经元个数与求和层相同，它接收求和层的输出，做简单的阈值辨别，在所有的输出层神经元中找到一个具有最大后验概率密度的神经元，其输出为1，其余神经元输出为0。

4.2.2.3 概率神经网络的优点

（1）训练容易，收敛速度快，从而非常适用于实时处理。在基于密度函数核估计的PNN网络中，每一个训练样本确定一个隐含层神经元，神经元的权值直接取自输入样本值。

（2）可以实现任意的非线性逼近，用 PNN 网络所形成的判决曲面与贝叶斯最优准则下的曲面非常接近。

（3）隐含层采用径向基的非线性映射函数，考虑了不同类别模式样本的交错影响，具有很强的容错性。只要有充足的样本数据，概率神经网络都能收敛到贝叶斯分类器，没有 BP 网络的局部极小值问题。

（4）隐含层的传输函数可以选用各种用来估计概率密度的基函数，且分类结果对基函数的形式不敏感。

（5）扩充性能好。网络的学习过程简单，增加或减少类别模式时不需要重新进行长时间的训练学习。

（6）各层神经元的数目比较固定，因而易于硬件实现。

4.3 特 征 数 据 库

根据之前的解析法和有限元法计算，在设计换流变压器铁芯及夹件故障模型及其特征库时，共设定 6 个故障特征。将换流变压器铁芯及夹件正常接地、内部杂质、结构件与铁芯非正常接触、穿心螺杆或者金属绑扎带绝缘损坏以及铁芯本体易位变形、外部压紧件变形翘曲、阀侧绕组含有大量谐波等不同情况下的接地电流进行了对应的特征值编码，以建立换流变压器接地电流故障数据库建立。表 4-1 即为换流变压器铁芯及夹件故障特征赋值。由前文可知，由于铁芯屏蔽的存在，夹件接地电流大于铁芯接地电流；铁芯与夹件存在电气接触（如硅钢片卷曲、绝缘破损）时，铁芯接地电流和夹件接地电流同时增大且相等；夹件和油箱存在电气接触（如存在金属异物等工艺不良问题）时，夹件接地电流增大，其基波分量也会明显增加；铁芯和油箱（如存在金属异物等工艺不良问题）存在电气接触时，铁芯接地电流增大，其基波分量也会明显增加；铁芯夹件正常单点接地，但阀侧绕组中含有大量谐波时，接地电流增大的原因主要为接地电流谐波分量的增加。

表 4-1 换流变压器铁芯及夹件故障特征赋值

项目	特征值	项目	特征值
铁芯正常单点接地	001	夹件和油箱存在电气接触	004
铁芯和夹件存在电气接触	002	铁芯和油箱存在电气接触	005
夹件正常单点接地	003	铁芯夹件正常单点接地，但阀侧绕组中含有大量谐波	006

系统监测到的数据可以在数据库查看，单击设备管理中的联网设备，选中

相应设备，即可查看系统监测的当前值。若想查看历史数据，选择历史记录即可查看，当前的数据可以存储。图 4-2 为换流变压器接地电流故障数据库界面。图 4-3 和图 4-4 分别为换流变压器铁芯及夹件接地电流当前和历史故障数据库查看界面。

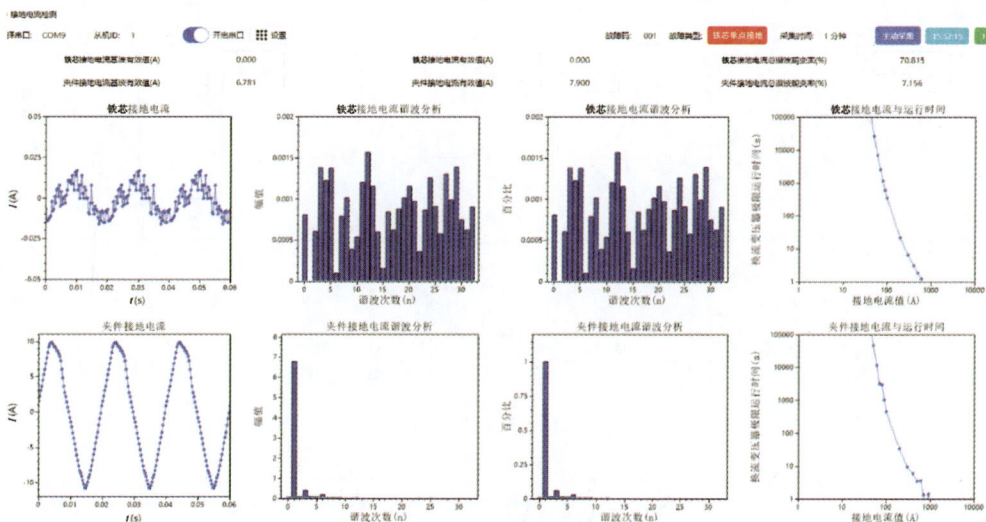

图 4-2　换流变压器接地电流故障数据库界面

图 4-3　当前数据查看

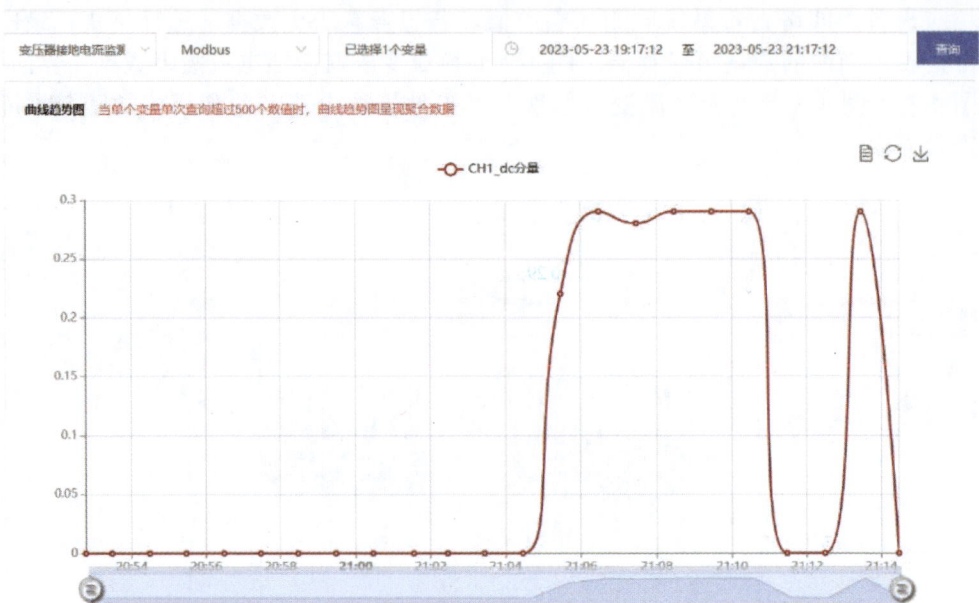

图 4-4 历史数据查看

4.4 数据处理与故障诊断

对换流变压器铁芯及夹件接地电流展开进一步分析，分别分析了换流变压器铁芯及夹件短路接地回路、铁芯两点接地回路以及夹件两点接地回路的接地电流的分布。表 4-2 为铁芯及夹件不同接地方式下换流变压器接地电流值。

表 4-2   铁芯及夹件不同接地方式下换流变压器接地电流值

故障类型	接地方式	接地电流峰峰值（mA）
铁芯单点接地	单点接地	10.6
夹件单点接地	单点接地	17.4
铁芯两点接地	接地故障点 A	967
	接地故障点 B	983
	接地故障点 C	987
	接地故障点 D	990
	接地故障点 E	993
	接地故障点 F	998

故障类型	接地方式	接地电流峰峰值（mA）
夹件两点接地	接地故障点 a	1247
	接地故障点 b	1316
	接地故障点 c	1387
	接地故障点 d	1406
	接地故障点 e	1447
	接地故障点 f	1483
铁芯和夹件短路	短路点 1	1087
	短路点 2	1109
	短路点 3	1189
	短路点 4	1207

从表 4-2 可以看出，换流变压器发生单点接地时，铁芯接地电流和夹件接地电流都较小，当铁芯及夹件发生多点接地时接地电流迅速增加，并且随着接地点之间的距离缩短，接地电流值越大，说明此时的等效电阻变小，使接地电流变大，当铁芯及夹件发生多点接地故障时，接地电流超过标准规定的水平，必须对其进行有效的鉴别与抑制。

根据表 4-2 所示的换流变压器铁芯及夹件接地电流数据，采用概率神经网络算法，以故障类型为期望输出值，各个接地方式对应的接地电流峰峰值为输入学习样本进行训练，完成换流变压器的故障类型鉴别与诊断，鉴别与诊断时使用的方法见前文相关内容。

4.5　运行状态在线监测设备

4.5.1　换流变压器接地电流信号采集的硬件设计

图 4-5 为变压器铁芯及夹件接地电流硬件结构框图。图 4-6 所示为检测调理电路。变压器铁芯及夹件接地电流硬件结构主要包括 STM32F103 单片机、穿心式电流互感器、采样调理电路、显示器、电源电路、485 通信模块等。由于变压器铁芯及夹件接地电流监测装置组成部分较多，主要对核心部分采样调理电路进行分析。

将利用传感器检测出的电流值送入到图 4-5（b）中，通过电流调理电路，送入到单片机（micro controller unit，MCU）中，MCU 对铁芯及夹件接地电流进行谐波分析，得到变压器铁芯及夹件的接地电流与谐波特征值。该接地电流及谐波特征值一方面送入显示屏进行显示，另一方面通过无线信号进行上位机通信。

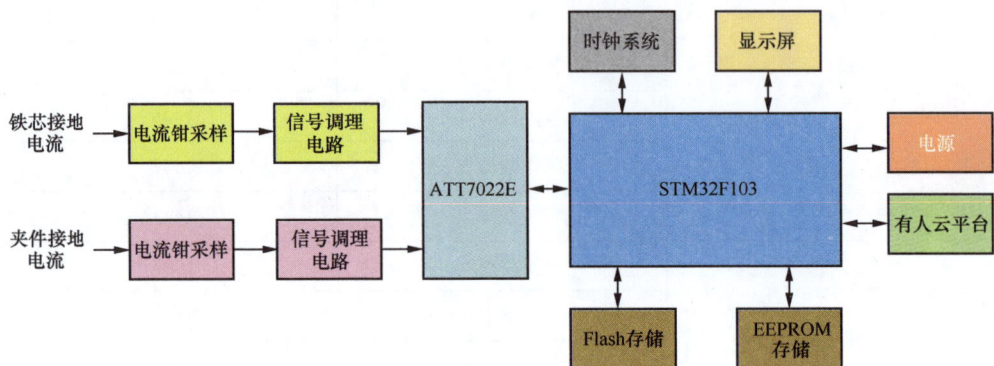

（a）

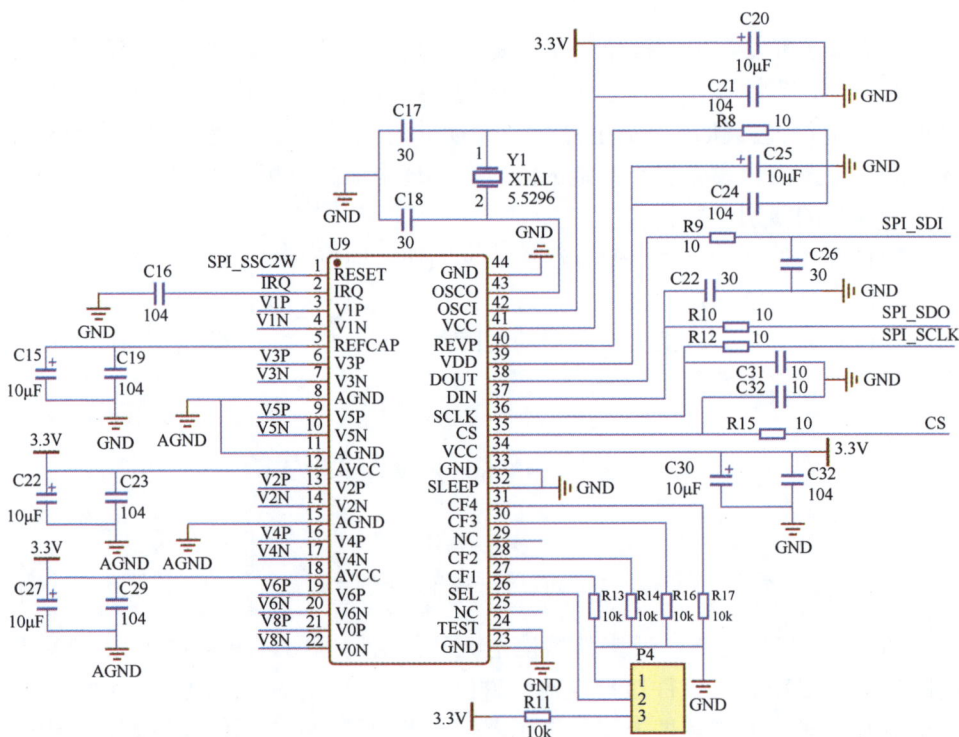

（b）

图 4-5 变压器铁芯及夹件接地电流硬件结构框图

（a）硬件结构；（b）ATT7022E 外围电路

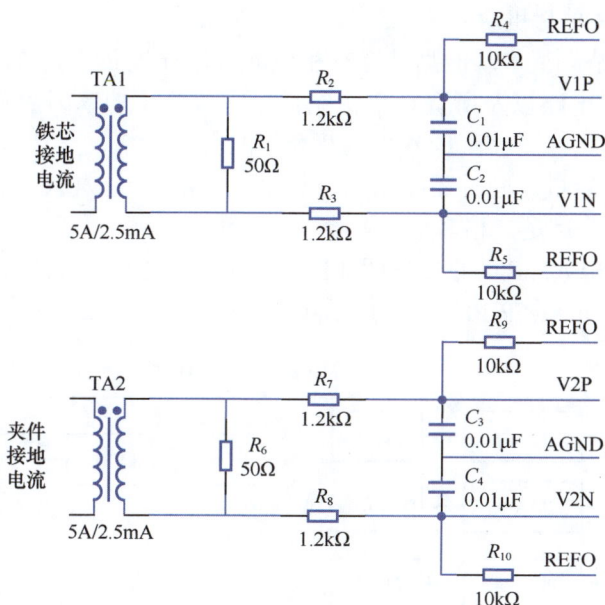

图 4-6 调理电路

检测装置的 MCU 选用 STM32F103 单片机。STM32F103 是一款性价比超高、功能强大的单片机。它拥有高达 72MHz 的运行频率，能够处理复杂的实时任务，实现高效的嵌入式应用。同时该单片机具有多种低功耗模式，睡眠、停机和待机模式，适合需要长时间运行且对能耗有要求的应用场；STM32F103 还有丰富的外设，提供了包括 ADC、DAC、I2C、SPI、USART 等多种常用外设，适用于多种不同的开发场景；多达 112 个快速 I/O 端口，同时大量的端口均可容忍 5V 信号；拥有从 16K 到 12K 字节的闪存程序存储器，以及最大 64K 字节的 SRAM，以满足不同存储需求；这款 MCU 在性能和成本之间取得了良好的平衡，适合大批量生产，受到预算有限项目的欢迎；同时拥有大量的学习资源和社区支持，对初学者非常友好。由于上述的种种优势与特点，目前已经应用于医疗、打印机、警报系统、视频对讲、暖气通风、LED 条屏控制等场景。

如图 4-5 所示，为了合理高效地利用芯片内部资源，复杂的数学运算均在计量芯片 ATT7022E 内完成，单片机仅需完成少量控制运算就能实现方案主体设计。电流信号采集的实现是通过电流互感器采集电流信号，然后通过由电阻和电容组成的滤波电路进行滤波，使用双端差分信号输入到三相电能专用计量芯片 ATT7022E 中完成的。电流互感器实现了输入的大电流信号与小电流信号的阻隔，变换后的电流信号再经过信号调理电路传输到电能计量芯片 ATT7022E 中，然后由电能计量芯片 ATT7022E 完成复杂的数学运算，并将运算结果的存储至相应的寄存器中。最后，计量芯片 ATT7022E 将运算后的数据通过 SPI 通信传递给进行处理 STM32F103 单片机。

ATT7022E 是一款多功能高精度三相电能专用计量芯片。该芯片集成了多路 ADC、参考电压电路以及所有功率、能量、有效值、功率因数及频率测量的数字信号处理等电路，能够测量各相以及合相的有功功率、无功功率、视在功率、有功能量及无功能量，同时还能测量各相电流、电压有效值、功率因数、相角、频率等参数，充分满足三相多功能电能表的需求。

计量芯片 ATT7022E 的整体框图如图 4-7 所示，此外，ATT7022E 采用 LQFP44 封装形式，即 44Pin LQFP(10×10)，如图 4-8 所示。

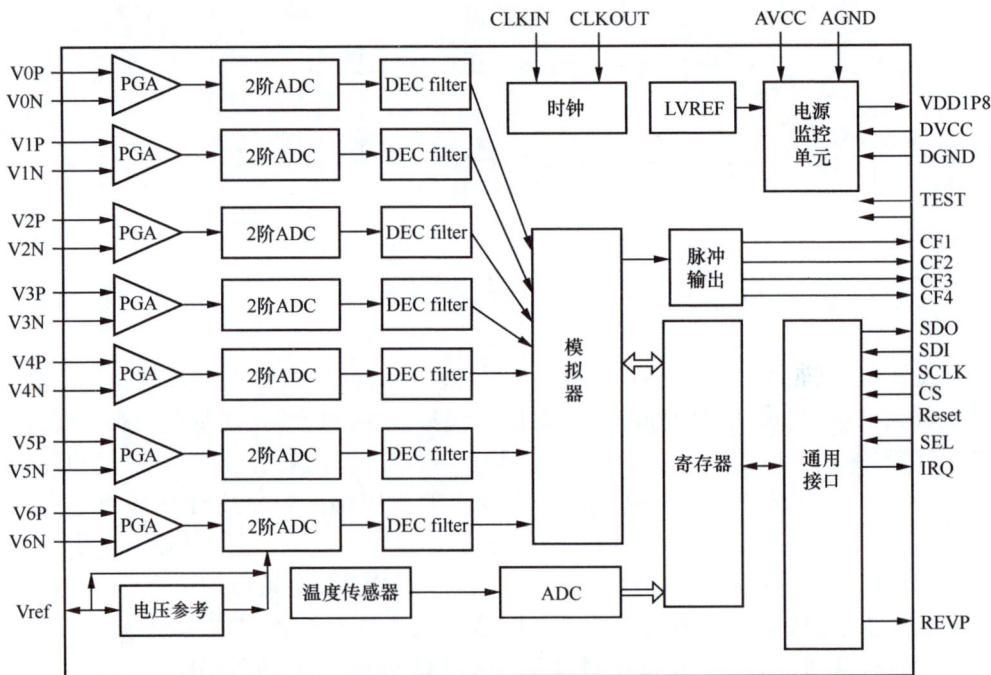

图 4-7 ATT7022E 的整体框图

图 4-6 中，变压器铁芯及夹件接地电流终端接入的是 0 ~ 10 A 的标准电流信号，输出电流信号为 0 ~ 5A。ATT7022E 芯片要求电流信道的电压范围为 2 mV ~ 1 V。即当原边交流电流模拟信号为 10 A 时，二次侧输出电流为 5A，可得其在电路中 R_1 电阻两端产生的电压 0.75 V（U_R= 2.5mA×50Ω = 0.75V），满足 ATT7022E 的电压范围要求。为了避免在计量芯片 ATT7022E 的数字信号处理器运算环节出现频率混叠失真，设计由 R_2、R_3、C_1、C_2 及 R_7、R_8、C_3、C_4 组成的滤波电路，电流信号经处理后就可以被送入到 ATT7022E 的电流采样端口 V1P/V1N、V2P/V2N，获得铁芯接地电流和夹件接地电流。

采用该技术方案，穿心互感器将高频接地电流信号转换成低电压小电流信号并送入放大调理电路中，同时第一谐波抑制器和第二谐波抑制器产生的电流与穿心互感器产生的电流进行抵制，同时释放能量。从而提升电力变压器铁芯接地电流传感器的精度和工作运行可靠性，增强电磁兼容防护能力。

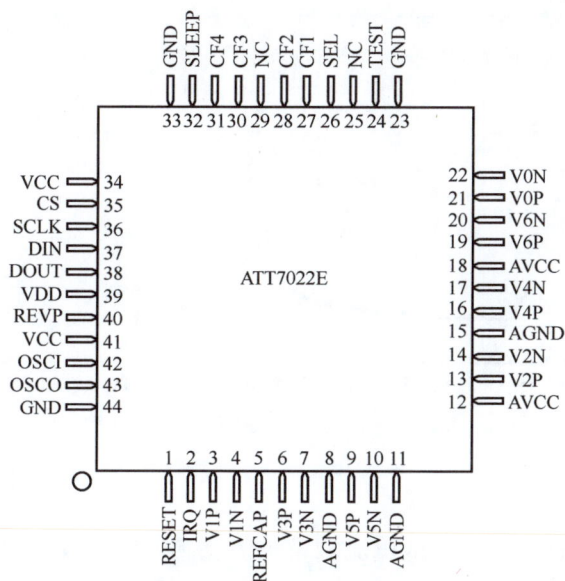

图 4-8　ATT7022E 的引脚定义

根据磁通门检测原理，磁芯需要具有高导磁率、低矫顽力和良好的矩形磁滞特性，通过对多种磁材料的研究分析和测试，兼顾成本，确定了采用高磁导率的坡莫合金材料磁芯（见图 4-9），其静态磁化曲线如图 4-10 所示。该磁芯材料具有高初始磁导率、低矫顽力和低剩磁的特点。

图 4-9　坡莫合金材料磁芯图

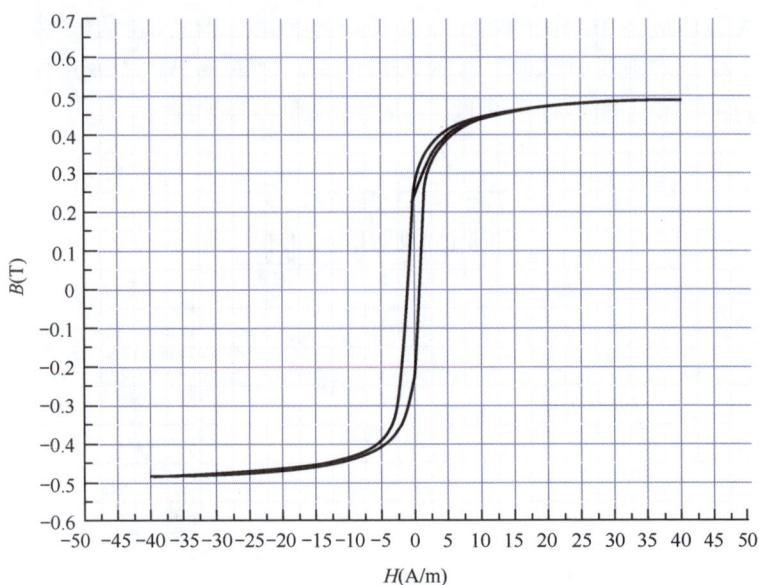

图 4-10　静态磁化曲线

图 4-11 为铁芯及夹件接地电流测量电流互感器。图 4-12 为监测装置的键盘与显示界面。图 4-13 为基于 STM32F103 单片机系统。图 4-14 为电流互感器测量接口与电源系统。

图 4-11　铁芯及夹件接地电流测量电流互感器

图 4-12　电流测装置的键盘与显示界面

通信模块（见图 4-15）采用云系统设计计算机上位机与手机端监测平台，通过图 4-13 所示的单片机系统向 RS-485 接口发送数据，经过转换，实现计算机端与手机端的变压器铁芯及夹件接地电流的实时监测。

图 4-13　单片机系统图

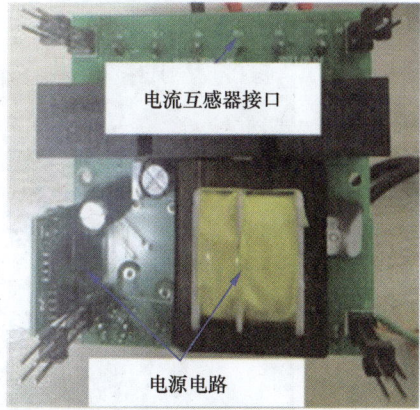

图 4-14　电流互感器测量接口与电源系统

图 4-15　通信模块

换流变压器铁芯及夹件接地电流实验系统（见图 4-16 和图 4-17）主要包括调压器、隔离变压器，被试变压器、变压器铁芯及夹件接地电流监测系统、示波器测量系统等。

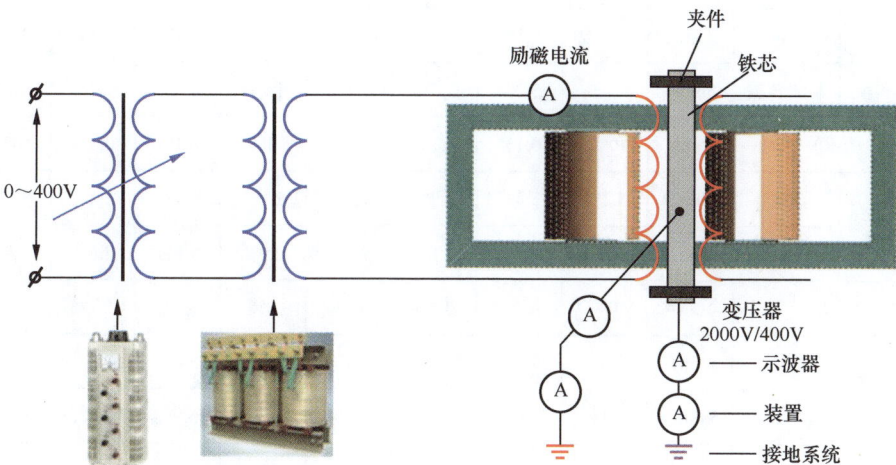

图 4-16　实验系统线路图

图 4-17 换流变压器铁芯及夹件接地电流实验系统实物图

对变压器铁芯及夹件接地电流进行测量与分析，实验步骤为：

（1）在变压器铁芯第一级、第五级（在变压器叠片方向上铁芯第一级距离铁芯接地片最远；铁芯第五级则处在中间位置）设定铁芯接地故障点，变压器铁芯无故障和多点接地故障下的接地电流及谐波的测量结果如表 4-3 所示。

表 4-3　铁芯接地电流

项目			谐波次数								
	测量设备	基波	2	3	4	5	6	7	8	9
正常工况	OSC	35mA	1.1%	5.1%	2.2%	7.0%	1.2%	4.1%	1.1%	1.0%
	监测装置	36mA	1.1%	5.2%	2.3%	7.1%	1.2%	4.2%	1.2%	1.0%
差值		1mA	0%	0.1%	0.1%	0.1%	0%	0.1%	0.1%	0%
第 1 级多点接地	OSC	490mA	3.1%	7.3%	2.9%	9.6%	2.7%	5.6%	2.4%	1.7%
	监测装置	500mA	3.2%	7.1%	3.1%	9.7%	2.9%	5.8%	2.6%	1.9%
差值		10mA	0%	0.1%	0.1%	0.1%	0%	0.1%	0.1%	0%
第 5 级多点接地	OSC	525mA	3.9%	7.9%	3.0%	9.7%	2.9%	5.8%	2.5%	1.7%
	监测装置	538mA	4.1%	8.0%	3.2%	9.9%	3.0%	5.9%	2.6%	1.8%
差值		13mA	0.2%	0.1%	0.2%	0.2%	0.1%	0.1%	0.1%	0.1%

注　OSC 表示示波器测试值，当作标准表对比。

（2）变压器夹件接地电流测量结果如表 4-4 所示。

表 4-4　夹件接地电流

项目	谐波次数									
	测量设备	基波	2	3	4	5	6	7	8	9
夹件接地电流	OSC	60mA	1.1%	4.9%	2.1%	7.1%	0.9%	3.9%	1.2%	1.0%
	监测装置	63mA	1.1%	5.0%	2.2%	7.1%	1.0%	3.9%	1.3%	1.0%
	差值	3mA	0%	0.1%	0.1%	0%	0.1%	0%	0.1%	0%

从表 4-3 可以看出，正常工况下监测装置与示波器误差为 2.86%。当第一级发生铁芯多点接地时，监测装置测量得到的铁芯接地电流为 500mA，使用示波器测量得到的铁芯接地电流为 490mA，监测装置与示波器误差为 2.04%。当第五级发生铁芯多点接地时，监测装置测量得到的铁芯接地电流为 525mA，使用示波器测量得到的铁芯接地电流为 538mA，监测装置与示波器误差为 2.48%。

根据 DL/T1498.5《变电设备在线监测装置技术规范 第 5 部分：变压器铁芯接地电流在线监测装置》要求，测量范围在 5 ～ 20mA，误差在 1mA 以内；测量范围在 20mA ～ 10A，误差在 5% 以内。而本装置各次谐波差值在 0.2% 以内，验证了所提方案的正确性。

如表 4-3 所示，正常工况下，监测装置与示波器误差为 2%。进一步验证了所提方案的正确性。

4.5.2　空间磁场对换流变压器铁芯接地电流测量精度的影响

为解决空间磁场对换流变压器铁芯接地电流测量准确性的影响，要对换流变压器铁芯接地电流监测装置电流互感器磁场进行校正。

图 4-18 为空间磁场发生装置，实施过程中不断调整空间磁场的大小（0 ～ 20A/m），测量电流互感器的感应电流，基于最小二乘法，将该电流的有效值进行曲线拟合，得到实际测量得到的电流与二次侧电流的表达式，将该表达式代入基于 STM32 的单片机中进行数据处理，得到考虑空间磁场影响的换流变压器铁芯接地电流测量系统。

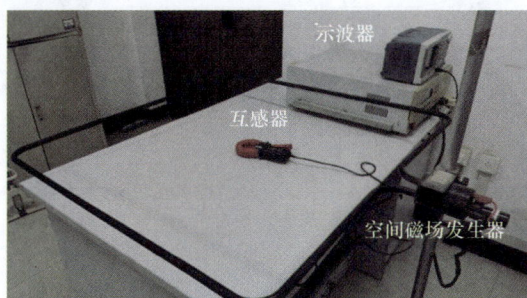

图 4-18　空间磁场发生装置

对于换流变压器铁芯及夹件接地电流的检测，本书采用 100/5 霍尔电流传感器。其输入最大电流为 $I_{PN} = \pm100A$。设计的接地电流检测电路如图 4-19 所示，设计过程如下。

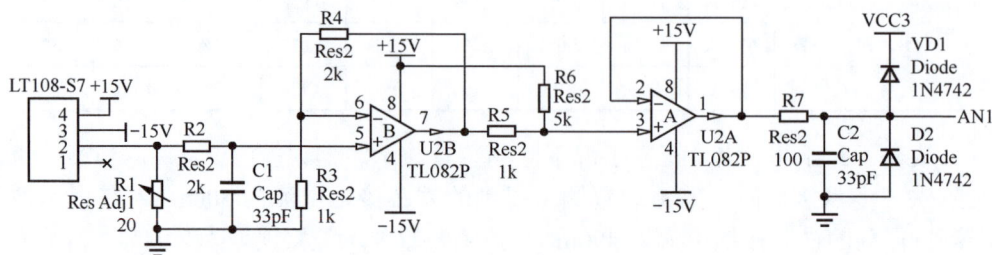

图 4-19　接地电流检测电路

由电流传感器性质，本设计的采样电阻 R_1 为 20 Ω，因此，电阻 R_1 采样两端电压为

$$u_{R_1} = \frac{iR_1}{2000} = \frac{\pm100 \times 20}{2000} = \pm1V \tag{4-13}$$

由放大器 U2B、R_2、R_3、R_4 组成同向比例放大器，且由放大器的虚短可知，$u_5 = u_6$。

则

$$\frac{u_6}{R_3} = \frac{u_7}{R_3 + R_4} \tag{4-14}$$

又因为

$$\frac{15 - u_7}{R_5 + R_6} = \frac{u_{R_5}}{R_5} \tag{4-15}$$

得

$$u_{R_5} = \frac{15 - u_7}{R_5 + R_6} R_5 = \frac{15 - u_5\left(1 + \dfrac{R_4}{R_3}\right)}{R_5 + R_6} \cdot R_5 \tag{4-16}$$

且

$$u_{out} = u_7 + u_{R_5} \tag{4-17}$$

则

$$u_{out} = u_5\left(1 + \frac{R_4}{R_3}\right) + \frac{15 - u_5\left(1 + \dfrac{R_4}{R_3}\right)}{R_5 + R_6} R_5 \tag{4-18}$$

对式（4-18）列方程组求解

$$
\begin{cases}
5 = 1 \times \left(1 + \dfrac{R_4}{R_3}\right) + \dfrac{15 - 1 \times \left(1 + \dfrac{R_4}{R_3}\right)}{R_5 + R_6} \cdot R_5 \\[4mm]
0 = (-1) \times \left(1 + \dfrac{R_4}{R_3}\right) + \dfrac{15 - (-1) \times \left(1 + \dfrac{R_4}{R_3}\right)}{R_5 + R_6} \cdot R_5
\end{cases}
\tag{4-19}
$$

解得 $R_1 = 20\,\Omega$，$R_2 = 2\mathrm{k}\Omega$，$R_3 = 1\mathrm{k}\Omega$，$R_4 = 2\mathrm{k}\Omega$，$R_5 = 1\mathrm{k}\Omega$，$R_6 = 5\mathrm{k}\Omega$，$R_7 = 100\,\Omega$。

同时，图 4-19 中，R_2 与 C_1、R_7 与 C_2 组成低通滤波器完成对输入信号的滤波。

换流变压器铁芯及夹件接地电流检测系统关键技术问题之一为 A/D 转换的准确性，为此，本书考虑了空间磁场的影响。

一般情况下，霍尔电流传感器采集出的数据应为线性关系。图 4-20 为 A/D 转换调试电路。依据表 4-5 所示工频磁场按照 0 ～ 20A/m 进行调节，检测电流互感器 PN 两端输出电压。

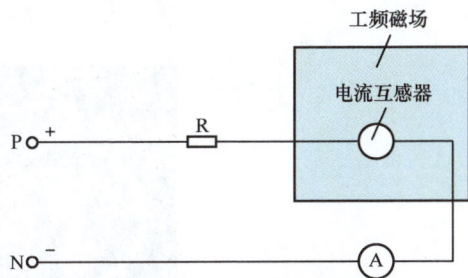

图 4-20　A/D 转换调试电路

表 4-5　接地电流曲线拟合表

工频磁场（A/m）	0	0.5	1	1.5	2	2.5	3	3.5	4	4.5	5
AN0（V）	1.47	1.48	1.49	1.51	1.52	1.54	1.55	1.57	1.58	1.6	1.61

利用最小二乘法对上述数据进行曲线拟合，得到拟合曲线如图 4-21 所示，拟合函数为

$$
y = 0.0297x + 1.4694
\tag{4-20}
$$

将式（4-20）所示的函数代入 STM32 单片机程序中，即可完成 A/D 转换的线性化处理。电流采样后，滤波方法采用中值、均值混合滤波。其具体实现过程为：对数据长度为 N 的缓存数组中的所有数据用"冒泡法"进行排序，排序之后，在缓存数组中前后分别去掉 $N/4$ 个数据，求取剩下中间数据的均值，该平均值即为真值。

为保证换流变压器铁芯及夹件接地电流监测系统（见图 4-22）的可靠性，于国家电控配电设备质量检验检测中心进行了第三方检测检验，验证了检测系统的抗干扰能力。

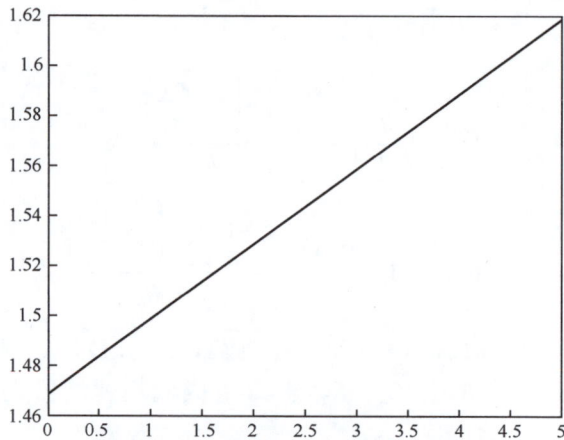

图 4-21　励磁电流正向输入拟合曲线

（a）

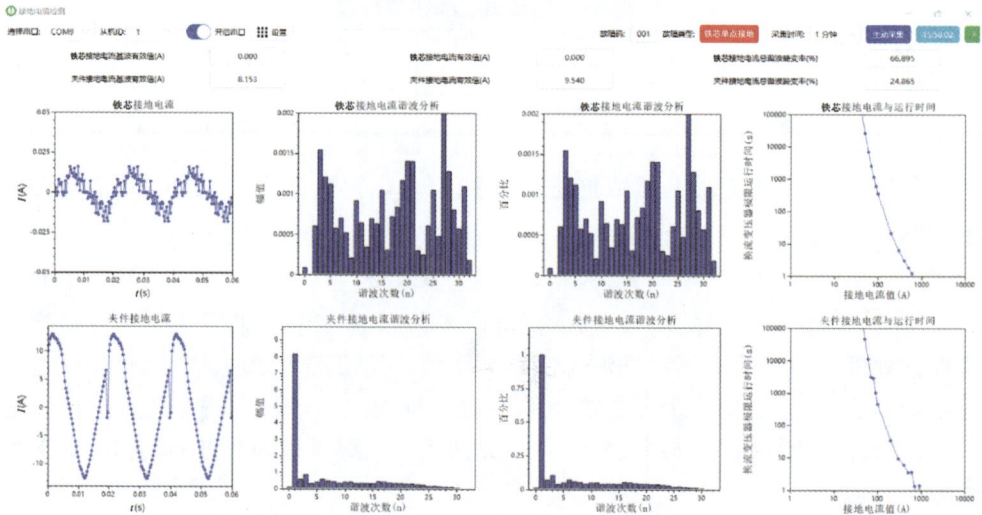

（b）

图 4-22　换流变压器铁芯及夹件接地电流监测系统
（a）硬件系统；（b）远程界面

进行了工频磁场抗扰度试验、脉冲磁场抗扰度试验、阻尼振荡磁场抗扰度试验、射频电磁场辐射抗扰度试验等试验（见图 4-23），以进行换流变压器铁芯及夹件接地电流监测系统抗干扰能力检测，检测结果均符合 GB/T 17626.3 和 DL/T 1498.1 要求。另外还根据 GB/T 3797 和 DL/T 1498.5 进行了测量误差试验，试验结果如表 4-6 所示。实验结果表示，换流变压器铁芯及夹件接地电流监测系统精度符合相关标准要求。

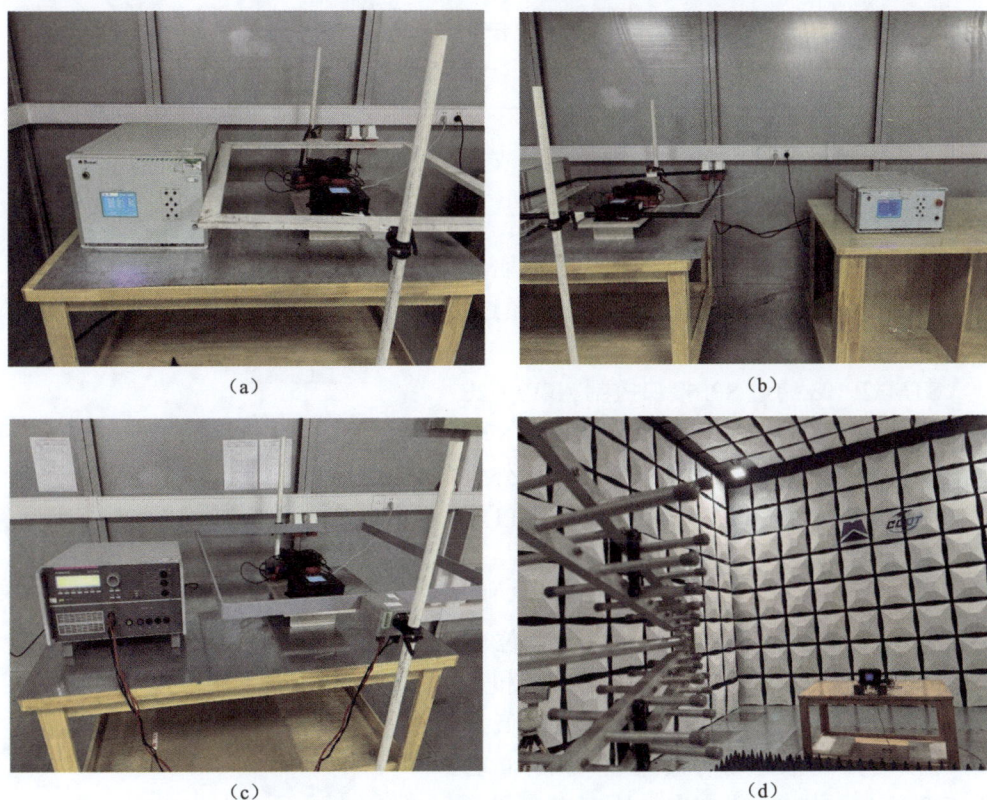

（a）

（b）

（c）

（d）

图 4-23　换流变压器铁芯及夹件接地电流监测系统抗干扰能力检测
（a）工频磁场抗扰度试验；（b）脉冲磁场抗扰度试验；
（c）阻尼振荡磁场抗扰度试验；（d）射频电磁场辐射抗扰度试验

表 4-6　换流变压器铁芯及夹件接地电流监测系统测量误差试验结果

显示值	测量值	误差值	
		允许值	实测值
5mA	5.04mA	+30%	0.80%
10A	10.07A	−10%	0.70%
10mA	10.04mA	±5%	0.40%
20mA	20.11mA	±5%	0.55%
50mA	49.82mA	±5%	−0.36%

显示值	测量值	误差值	
		允许值	实测值
100mA	99.53mA	±5%	−0.47%
500mA	503.2mA	±5%	0.64%
1A	1.01A	±5%	0.10%
5A	5.03A	±5%	0.60%
8A	8.07A	±5%	0.87%

4.5.3 换流变压器铁芯及夹件接地电流故障快速识别方法设计流程

图 4-24 为主程序流程图，首先进行系统初始化，然后调用采样程序，判断变压器铁芯接地电流及夹件接地电流是否超过限制，如果超过，则报警；如果没超过，则显示数据信息。

STM32F103 通过 SPI 接口控制 ATT7022E 工作，设置 STM32F103 的 SPI 工作为主 SPI，产生同步信号。SPI 时钟由 STM32F103 外设产生，设置通用输入输出引脚工作在 SPI 模式，使能 SPI 功能，使能 SPI 接收中断。

根据计量芯片 ATT7022E 用户手册，ATT7022E 通信格式是 8 位命令，24 位数据。其中 8 位命令包含了读写命令码和需要读写的寄存器地址。8 位命令中从低向高，前 7 位字符表示寄存器地址，由计量芯片 ATT7022E 用户手册规定，所有寄存器最多使用前 7 位字符，第 8 位字符表示读写命

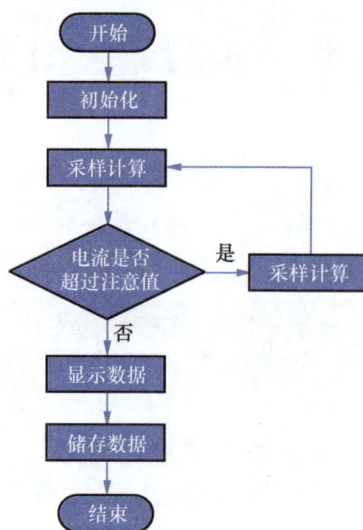

图 4-24 接地电流监测装置的主流程图

令。当第 8 位字符为 1 时，表示写入命令，此时外部的 MCU 通过 SPI 通信向计量芯片 ATT7022E 中对应的寄存器写入 24 位数据，其中高位数据在前，低位数据在后；当第 8 位字符为 0 时，表示读取命令，此时外部的 MCU 通过 SPI 通信向计量芯片 ATT7022E 中对应的寄存器读取 24 位数据，其中高位数据在前，低位数据在后。除去上述的两种命令外，计量芯片 ATT7022E 还存在一些特殊命令码，其中重要的为 0xC0 采样数据缓冲启动命令，表示打开需要保存数据的通道；0xC3 清校表数据，表示将校表寄存器中的数据复位；0xC6 校表数据读使能，只有发送此命令才可以读出校表数据中的数据，否则无法读出，一律为 0x00；0xC9 校表数据写使能，只有发送此命令才可以写入校表寄存器；0xD3 软件复位，

通过软件对计量芯片 ATT7022E 复位。

由图 4-25 可得，ATT7022E 通信格式一般都是四个字节（在计量芯片 ATT7022 读操作时序中，并未显示数据码这是由于需要读取计量芯片 ATT7022 寄存器中的数据，因此发送的数据码不重要，时序图上省略但必须发送），且第一个字节都为写入命令码。同时需要注意的是，由于计量芯片 ATT7022E 自身的限制，当外部的 MCU 通过 SPI 写入一个命令码之后，若 SCLK（时钟信号）频率高于 500kHz 时，则需要 2μs 计量芯片 ATT7022E 才能响应外部的 MCU 的操作。只有等待了 2μs 后，外部的 MCU 才能通过 SPI 读取计量芯片 ATT7022E 的 3 位字节数据。而当 SCLK（时钟信号）频率低于 500kHz 时，不需要等待时间，即等待时间为 0μS。由以上信息可以设计写入函数操作，完成 STM32F103 对 ATT7022E 控制。

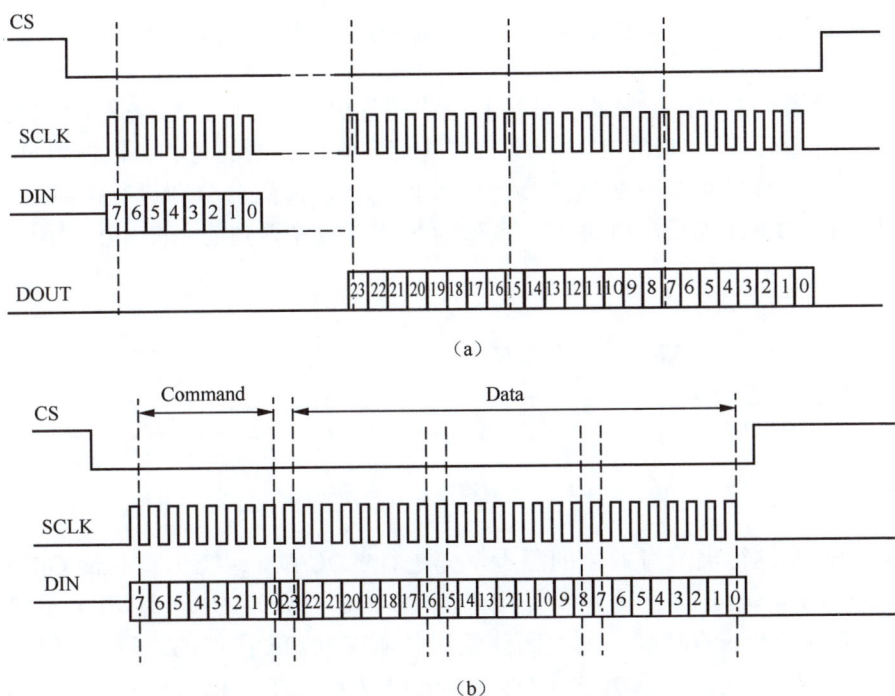

（a）

（b）

图 4-25　计量芯片 ATT7022E 的 SPI 时序

（a）ATT7022 读操作时序；（b）ATT7022 写操作时序

图 4-26 为 STM32F103 通信子程序，STM32F103 发送命令初始化 ATT7022E，ATT7022E 完成芯片初始化功能，开始数据采集和计算，STM32F103 发送读取命令，ATT7022E 将电流、频率、相位等信息发送到 STM32F103。

图 4-26　STM32F103 通信子程序

　　检测装置可以输出电流的有效值和电流的各次谐波占比。首先是电流的有效值检测，计量芯片 ATT7022E 内部集成了电流有效值测量的功能。根据用户手册的描写，对采样的电流首先通过高通滤波器的滤波，然后分别进行 ADC Offset 校正和 Irms Offset 校正，再进入一系列的滤波与运算得到的，图 4-27 为电流有效值计算示意图。

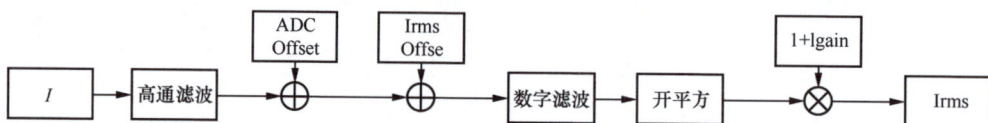

图 4-27　电流有效值计算示意图

　　因此，要进行电流有效值的测量，先进行 ADC Offset 校正和 Irms Offset 校正。ADC Offset 校正的作用主要是用来滤除 ADC 测量时的直流参考电压偏置。它需要在输入为 0 的时候，先关闭计量芯片 ATT7022E 内部的过高通滤波器进行测量，通过采集此时 ADC 寄存器的数据作为校正值。值得注意的是，ADC 寄存器采样数据为 19bit，但是 ADC Offset 校正的寄存器却是 16bit，因此 ADC Offset 校正的寄存器中的 16 bit 数据对应着 ADC 寄存器采样数据 19bit 数据中的高 16 bit 位。完成 ADC Offset 校正后，进行 Irms Offset 校正。第一步先进行 ATT7022E 的内部寄存器校正，这一步需要在 Irms Offset 校正前，在 0 输入的情况下读取对应通道有效值寄存器值，经过处理后，式（4-21）将其写入校表0x6A 中，其中 Irms 为有效值寄存器值；然后第二部进行有效值 Offset 校正，与第一步一样，在 0 输入的情况下读取对应通道有效值寄存器值，经过相同处理后将其写入对应有效值 Offset 校正寄存器中。

$$IrmsOffset = \frac{I^2 rms}{2^{15}}$$ （4-21）

最后采样结束后读取有效值寄存器值，经过式（4-22）处理后即可。

$$I_{rms} = \frac{Irms}{2^{13} N}$$ （4-22）

其中，I_{rms} 为输出的有效值，N 为比例系数，可由外电路决定。

4.5.4 换流变压器接地电流检测与谐波分析设计

本书铁芯及夹件接地电流的实验计算方法基于谐波分析法。谐波分析法的主要思想是通过离散傅立叶变换的方法检测出离散采样信号的基波成分，包括信号的幅值和相角，同时使用三角函数的正交性，排除谐波和噪声的干扰，从而尽可能达到更高的精确度。

考虑可能包含高次谐波及噪声信号，该信号 $X(t)$ 可表示为

$$X(t) = \sum_{i=0}^{+\infty} X_k \sin\left(n\omega t + \varphi_k\right)$$ （4-23）

式中，$n=0$ 对应的信号的直流分量；$n=1$ 对应的基波信号；$n=k$ 则对应 k 次谐波，$X(t)$ 为噪声信号。

根据三角函数的正交性，得

$$A_k = \frac{2}{T}\int_0^T X(t)\sin k\omega t \mathrm{d}t$$

$$B_k = \frac{2}{T}\int_0^T X(t)\cos k\omega t \mathrm{d}t$$

由此可以计算信号各次谐波的幅值，即

$$X_k = \sqrt{A_k^2 + B_k^2}$$ （4-24）

以上是针对时间连续信号，而对于采样后的离散信号，可以将积分离散化，表示为

$$A_k = \frac{2}{N}\sum_{n=0}^{N-1} X(n)\sin\left(\frac{2\pi}{N}kn\right)$$
$$B_k = \frac{2}{N}\sum_{n=0}^{N-1} X(n)\cos\left(\frac{2\pi}{N}kn\right)$$ （4-25）

式中，N 是一个周期中的采样点数，奈奎斯特定律要求采样频率 $f_k - \dfrac{1}{T_k} > 2f_{max}$，

f_{max} 为信号中最高的频率成分，此处即为最高的谐波频率。

本算法中，用谐波分析法式（4-23）和式（4-24）算出 X_1，X_1 就是铁芯接地电流全电流幅值。

在实际应用中，由于很难做到完全的同步采样和整数次周期的截断，所以在改进硬件电路设计的同时，通过加合适的窗函数以及插值算法可以更好地解决频谱混叠、频谱泄露和栅栏效应。

傅里叶变换将一个信号分解为不同幅值和频率的正弦波。加窗的结果是尽可能呈现出一个连续的波形，减少剧烈的变化。这种方法也叫应用一个加窗。

根据信号的不同，可选择不同类型的加窗函数。要理解窗对信号频率产生怎样的影响，就要先理解窗的频率特性。设

$$x(t) = A_m e^{j2\pi frt} \tag{4-26}$$

复振幅一般为复数，反映了初相角，实际频率 $f_r = (l+r)F$，它在频率 $l \times F$ 和 $(l+r) \times F$ 之间（l 为整数，频率分辨率 $F = 1/NT_s$），为采样时间间隔，r 为顿率偏移量，$0 < r < 1$。$x(t)$ 的离散形式为

$$X(k) = \frac{1}{N}\sum_{n=0}^{N-1} A_m e^{-j\frac{2\pi}{N}(K-l-r)n} = A_m \frac{\sin[(k-l-r)\pi]}{N\sin\left[\dfrac{(k-l-r)\pi}{N}\right]} e^{-j(k-l-r)\pi\frac{k-1}{N}} \tag{4-27}$$

其离散傅里叶变换（DFT）为

$$X(k) = \frac{1}{N}\sum_{n=0}^{N-1} A_m e^{-j\frac{2\pi}{N}(K-l-r)n} = A_m \frac{\sin[(k-l-r)\pi]}{N\sin\left[\dfrac{(k-l-r)\pi}{N}\right]} e^{-j(k-l-r)\pi\frac{k-1}{N}} \tag{4-28}$$

其离散信号加余弦窗的 DFT 为

$$X_i(k) = \mathrm{DFT}\big[x(n)\omega_i(n)\big] = \mathrm{DFT}\left\{x(n)\sum_{i=0}^{K}(-1)^i b_i \cos\left(\frac{2\pi}{N}(in)\right)\right\}$$

$$= \frac{A_m}{2}\sum_{i=0}^{K}(-1)^i b_i \left\{ \frac{\sin[(k-l-r+i)\pi]}{N\sin\left[\dfrac{(k-l-r+i)\pi}{N}\right]} e^{-j(k-l-r+i)\pi\frac{N-1}{N}} \right.$$

$$\left. + \frac{\sin[(k-l-r-i)\pi]}{N\sin\left[\dfrac{(k-l-r-i)\pi}{N}\right]} e^{-j(k-l-r-i)\pi\frac{N-1}{N}} \right\} \tag{4-29}$$

当 $k=l$ 时，有

$$X_i(l) = \frac{A_m}{2} \sum_{i=0}^{K} (-1) \, b_i \left\{ \frac{\sin[(-r+i)\pi]}{N\sin\left[\dfrac{(-r+i)\pi}{N}\right]} e^{-j(-r+i)\pi\frac{N-1}{N}} \right. \tag{4-30}$$

$$\left. + \frac{\sin[(-r-i)\pi]}{N\sin\left[\dfrac{(-r-i)\pi}{N}\right]} e^{-j(-r-i)\pi\frac{N-1}{N}} \right\}$$

当 $N \gg 1$ 时，以下近似关系成立：$\dfrac{N-1}{N} \approx 1$，$\sin\dfrac{\theta}{N} \approx \dfrac{\theta}{N}$，考虑到 $e^{\pm j\pi} = -1$

$e^{\pm j2\pi} = 1$，当 $K = 2$ 时，可得到加 3 项余弦窗 DFT 的通用形式，即

$$X_i(l) = \left\{ 0.5 A_m \left\{ 2b_0 \frac{\sin(r\pi)}{r\pi} e^{jr\pi} - b_1 \frac{\sin(r\pi)}{(1-r)\pi} e^{-j(1-r)\pi} - \frac{\sin(r\pi)}{(1+r)\pi} e^{j(1+r)\pi} \right. \right. \tag{4-31}$$

$$\left. \left. + b_2 \left[-\frac{\sin(r\pi)}{(2-r)\pi} e^{-j(2-r)\pi} + \frac{\sin(r\pi)}{(2+r)\pi} e^{j(2+r)\pi} \right] \right\} \right\}$$

将 $b_0 = 7938/18608; b_1 = 9240/18608; b_2 = 1430/18608$ 代入式（4-31）化简可得 3 项确切的布莱克曼（exact Blackman）窗栈断后信号的频谱，即

$$X_b(l) = A_m \frac{\sin(r\pi)}{\pi} e^{jr\pi} \frac{1}{r(r^2-1)(r^2-4)} \times \tag{4-32}$$

$$\left(0.00687876182287r^4 - 0.22355975924334r^2 + 1.70636285468616 \right)$$

同理，当 $k=l+1$ 时，有

$$X_\varepsilon(l+1) = A_m \frac{\sin(r\pi)}{\pi} e^{jr\pi} \frac{1}{r(1-r^2)(2-r)(3-r)} \times$$

$$\left(-0.00687876182287r^4 + 0.02751504729149r^3 + \right. \tag{4-33}$$

$$\left. 0.18228718830610r^2 - 0.41960447119518r - 1.48968185726569 \right)$$

设定幅值比为

$$X_\varepsilon(l+1) = A_m \frac{\sin(r\pi)}{\pi} e^{jr\pi} \frac{1}{r(1-r^2)(2-r)(3-r)} \times$$

$$\left(-0.00687876182287r^4 + 0.02751504729149r^3 + \right. \tag{4-34}$$

$$\left. 0.18228718830610r^2 - 0.41960447119518r - 1.48968185726569 \right)$$

由于频率偏移量 r 的变化范围为 $0 \sim 1$，故幅值比 α 的变化范围为 0.582-1718。

由式（4-34）可解出 r，将 r 代入式（4-33）可得到修正的复振幅，A_m 为

$$A_m = X_k(r)\pi r\left(r^2-1\right)\left(r^2-4\right)e^{-j\pi}/\sin(r\pi)\left(0.00687876182287r^4\right.$$
$$\left.-0.22355975924334r^2+1.70636285468616\right) \tag{4-35}$$

第 l 次谐波的相位计算式为

$$\varphi_n = \text{angle}\left[X_\varepsilon(l)\right]-r\pi \tag{4-36}$$

利用 FFT 差值算法还可以计算频率。由 r 可以得到第 l 次谐波的频率为

$$f_r = (l+r)F \tag{4-37}$$

同时，当 $K=3$ 时，由式（4-35）可以得到加 4 项余弦窗 DFT 的通用形式为

$$X_i(l) = 0.5A_m\left\{2b_0\frac{\sin(r\pi)}{r\pi}e^{jr\pi}-b_1\left[\frac{\sin(r\pi)}{(1-r)\pi}e^{-j(1-r)\pi}-\frac{\sin(r\pi)}{(1+r)\pi}e^{j(1+r)\pi}\right]+b_2\right.$$
$$\left.\left[\frac{\sin(r\pi)}{(2-r)\pi}e^{-j(2-r)\pi}-\frac{\sin(r\pi)}{(2+r)\pi}e^{j(2+r)\pi}\right]-b_3\left[\frac{\sin(r\pi)}{(3-r)\pi}e^{-j(3-r)\pi}-\frac{\sin(r\pi)}{(3+r)\pi}e^{j(3+r)\pi}\right]\right\} \tag{4-38}$$

将布莱克曼 - 哈里斯（Blackrman-harris）窗的系数 $b_0 = 0.35875$，$b_1 = 0.48829$，$b_2 = 0.14128$，$b_3 = 0.01168$ 代入式（4-38）化简，得加 4 项布莱克曼 - 哈里斯（Blackman-harris）窗截断后信号的频谱为

$$X_B(l) = A_m\frac{\sin(r\pi)}{\pi}e^{jr\pi}\frac{-0.00006r^6+0.02913r^4-1.22511r^2+12.915}{r(1-r^2)(4-r^4)(9-r^2)} \tag{4-39}$$

$$X_B(l+1) = A_m\frac{\sin(r\pi)}{\pi}e^{jr\pi}$$
$$\frac{0.00006r^6-0.00036r^3-0.02823r^4+0.11532r^3+1.05123r^2-2.33406r-11.71896}{r(1-r^2)(4-r^4)(3-r)(4-r)}$$

设定幅值比为

$$\alpha = \frac{\left|X_B(l+1)\right|}{\left|X_B(l)\right|}$$
$$= -\frac{(2r^6-971r^4+40837r^2-430500)(r-4)}{(r+3)(2r^6-12r^5-941r^4+3844r^3+35041r^2-77802r-390632)} \tag{4-40}$$

由式（4-40）可以解出 r，将 r 代入式（4-39）可以得到修正的复振幅 A_m 为

$$A_m = X_B(l) \frac{\pi(1-r^2)(4-r^2)(9-r^2)}{\sin(r\pi)(12.915 - 1.22511r^2 + 0.02913r^4 - 0.00006r^6)} e^{-jr\pi} \quad (4\text{-}41)$$

第 l 次谐波的相位和频率分别为

$$\varphi_m = \text{angle}\left[X_B(l)\right] - r\pi$$
$$f_r = (l+r)F \quad (4\text{-}42)$$

根据以上分析，可以得到换流变压器铁芯接地电流及夹件接地电流的幅值、相位及频率的检测结果。进而实现换流变压器接地故障快速识别系统，发展关键技术。

5 换流变压器接地电流典型故障案例分析

5.1 基于传统检测技术的故障案例分析

【案例1】某 ±800kV 换流站的极 Ⅱ 低端 Y/D-A 相、极 Ⅱ 低端换流变压器 Y/Y-B 相和极 Ⅱ 低端换流变压器 Y/Y-C 相带电检测。

1. 异常概况

某日，国网宁夏电科院使用换流变压器铁芯及夹件接地电流监测装置对某 ±800kV 换流站极 Ⅰ 低端换流变压器 Y/D-A 相、极 Ⅱ 低端换流变压器 Y/Y-B 相和极 Ⅰ 低端换流变压器 Y/Y-C 相持续 10min 的监测，电流最大值为 2.18A，综合此次检测数据及 Q/GDW 11368《变压器铁芯电流接地电流带电检测技术现场应用导则》中 7.3 条款，判断极 Ⅰ 低端换流变压器 Y/D-A 相、极 Ⅱ 低端换流变压器 Y/Y-B 相和极 Ⅱ 低端换流变压器 Y/Y-C 相夹件存在接地电流过大异常情况。

2. 被检设备主要参数

该换流站极 Ⅱ 低端换流变压器 Y/D-A 相。

型号为 ZZDFPZ-412300/750-200，额定电压为 765kV，额定容量为 412.3MVA。

该换流站极 Ⅱ 低端换流变压器 Y/Y-B 相和极 Ⅱ 低端换流变压器 Y/Y-C 相型号为 ZZDFPZ-412300/765-400，额定电压为 765kV，额定容量为 412.3MVA。

3. 现场测试情况

对该换流站极 Ⅱ 低端换流变压器 Y/D-A 相、极 Ⅱ 低端换流变压器 Y/Y-B 相和极 Ⅱ 低端换流变压器 Y/Y-C 相进行铁芯及夹件接地电流监测，监测图谱如表 5-1 所示。

表 5-1　换流变压器铁芯及夹件接地电流监测部分图谱

序号	测点	图谱	备注
1	极Ⅱ低端换流变压器 Y/D-A 相铁芯接地电流波形图及电流谐波分析（0min）		铁芯接地电流有效值：0.120A
2	极Ⅱ低端换流变压器 Y/D-A 相夹件接地电流波形图及电流谐波分析（0min）		夹件接地电流有效值：1.200A
3	极Ⅱ低端换流变压器 Y/D-A 相铁芯接地电流波形图及电流谐波分析（5min）		铁芯接地电流有效值：0.110A

序号	测点	图谱	备注
4	极Ⅱ低端换流变压器 Y/D-A 相夹件接地电流波形图及电流谐波分析（5min）		夹件接地电流有效值：1.210A
5	极Ⅱ低端换流变压器 Y/D-A 相铁芯接地电流波形图及电流谐波分析（10min）		铁芯接地电流有效值：0.120A
6	极Ⅱ低端换流变压器 YID-A 相夹件接地电流波形图及电流谐波分析（10min）		夹件接地电流有效值：1.23A

序号	测点	图谱	备注
7	极 II 低端换流变压器 Y/Y-B 相铁芯接地电流图及电流谐波分析（0min）		铁芯接地电流有效值：0.060A
8	极 II 低端换流变压器 Y/Y-B 相夹件接地电流波形图及电流谐波分析（0min）		夹件接地电流有效值：2.000A
9	极 II 低端换流变压器 Y/Y-B 相铁芯接地电流波形图及电流谐波分析（5min）		铁芯接地电流有效值：0.060A

序号	测点	图谱	备注
10	极Ⅱ低端换流变压器 Y/Y-B 相夹件接地电流波形图及电流谐波分析（5min）		夹件接地电流有效值：1.990A
11	极Ⅱ低端换流变压器 Y/Y-B 相铁芯接地电流波形图及电流谐波分析（10min）		铁芯接地电流有效值：0.060A
12	极Ⅱ低端换流变压器 Y/Y-B 相夹件接地电流波形图及电流谐波分析（10min）		夹件接地电流有效值：1.910A

序号	测点	图谱	备注
13	极Ⅱ低端换流变压器 Y/Y-C 相铁芯接地电流波形图及电流谐波分析（0min）		铁芯接地电流有效值：0.180A
14	极Ⅱ低端换流变压器 Y/Y-C 相夹件接地电流波形图及电流谐波（0min）		夹件接地电流有效值：2.060A
15	极Ⅱ低端换流变压器 Y/Y-C 相铁芯接地电流波形图及电流谐波分析（5min）		铁芯接地电流有效值：0.030A

序号	测点	图谱	备注
16	极 II 低端换流变压器 Y/Y-C 相夹件接地电流波形图及电流谐波分析（5min）		夹件接地电流有效值：2.060A
17	极 II 低端换流变压器 Y/Y-C 相铁芯接地电流波形图及电流谐波分析（10min）		铁芯接地电流有效值：0.030A
18	极 II 低端换流变压器 Y/Y-C 相夹件接地电流波形图及电流谐波分析（10min）		夹件接地电流有效值：2.180A

4．异常原因分析

该换流站极Ⅱ低端换流变压器 Y/D-A 相、极Ⅱ低端换流变压器 Y/Y-B 相和极Ⅱ低端换流变压器 Y/Y-C 相的铁芯接地电流有效值范围均小于 300mA。夹件接地电流均大于 300mA。使用谐波分析法，对监测到的夹件接地电流信号 $X(t)$ 进行傅里叶分析，注意奈奎斯特定律要求采样频率大于信号中最高的频率的两倍。

谐波幅值分析结果如表 5-2 所示。

表 5-2　谐波幅值分析结果

序号	测点	图谱	备注
1	极Ⅱ低端换流变压器 Y/D-A 相夹件接地电流谐波分析（0min）		夹件接地电流有效值：1.200A； 夹件接地电流基波有效值：0.085A； 第 27 次谐波值：0.80A； 第 18 次谐波值：0.25A
2	极Ⅱ低端换流变压器 Y/D-A 相夹件接地电流谐波分析（5min）		夹件接地电流有效值：1.210A； 夹件接地电流基波有效值：0.100A； 第 27 次谐波值：0.80A； 第 30 次谐波值：0.52A

序号	测点	图谱	备注
3	极Ⅱ低端换流变压器 Y/D-A 相夹件接地电流谐波分析（10min）		夹件接地电流有效值：1.23A； 夹件接地电流基波有效值：0.104A； 第 27 次谐波值：0.78A； 第 30 次谐波值：0.48A
4	极Ⅱ低端换流变压器 Y/Y-B 相夹件接地电流谐波分析（0min）		夹件接地电流有效值：2.000A； 夹件接地电流有效值：0.110A； 第 27 次谐波值：1.6A； 第 30 次谐波值：0.70A
5	极Ⅱ低端换流变压器 Y/Y-B 相夹件接地电流谐波分析（5min）		夹件接地电流有效值：1.990A； 夹件接地电流基波有效值：0.153A； 第 27 次谐波值：1.6A； 第 30 次谐波值：0.65A

序号	测点	图谱	备注
6	极 II 低端换流变压器 Y/Y- B 相夹件接地电流谐波分析（10min）		夹件接地电流有效值：1.910A； 夹件接地电流基波有效值：0.149A； 第 27 次谐波值：1.68A； 第 30 次谐波值：0.64A
7	极 II 低端换流变压器 Y/Y- C 相夹件接地电流谐波分析（0min）		夹件接地电流有效值：2.060A； 夹件接地电流基波有效值：0.122A； 第 27 次谐波值：1.62A； 第 30 次谐波值：0.75A
8	极 II 低端换流变压器 Y/Y-B 相夹件接地电流谐波分析（5min）		夹件接地电流有效值：2.060A； 夹件接地电流基波有效值：0.126A； 第 27 次谐波值：1.7A； 第 30 次谐波值：0.70A

序号	测点	图谱	备注
9	极Ⅱ低端换流变压器 Y/Y-B 相夹件接地电流谐波分析（10min）		夹件接地电流有效值：2.180A； 夹件接地电流基波有效值：0.143A； 第 27 次谐波值：1.75A； 第 30 次谐波值：0.70A

极Ⅱ低端换流变压器 Y/D-A 相、极Ⅱ低端换流变压器 Y/Y-B 相和极Ⅱ低端换流变压器 Y/Y-C 相的夹件接地电流有效值主要由谐波构成，其中第 27 次谐波含量最高，第 30 次谐波含量其次，夹件接地电流基波有效值（0.085 ~ 0.153A）小于警戒值（300mA）。分析数据如表 5-3 所示。

表 5-3　夹件接地电流数据分析结果

极Ⅱ低端换流变压器 Y/D-A 相	夹件接地电流有效值	1.200 ~ 1.230A
	夹件接地电流基波有效值	0.085 ~ 0.104A
	谐波值	0 ~ 0.80A
	第 27 次谐波含量	750% ~ 941%
	第 30 次谐波含量	294% ~ 612%
极Ⅱ低端换流变压器 Y/Y-B 相	夹件接地电流有效值	1.990 ~ 2.000A
	夹件接地电流基波有效值	0.110 ~ 0.153A
	谐波值	0 ~ 1.68A
	第 27 次谐波含量	1046% ~ 1455%
	第 30 次谐波含量	425% ~ 636%
极Ⅱ低端换流变压器 Y/Y-C	夹件接地电流有效值	2.06 ~ 2.18A
	夹件接地电流基波有效值	0.122 ~ 0.143A
	谐波值	0 ~ 1.75A
	第 27 次谐波含量	1224% ~ 1328%
	第 30 次谐波含量	490% ~ 615%

5. 结论

综上所述，判断该换流站极Ⅱ低端换流变压器 Y/D-A 相、极Ⅱ低端换流变压器 Y/Y-B 相和极Ⅱ低端换流变压器 YIY-C 相夹件接地电流过大主要由第 27 次和第 30 次电流谐波导致。

【案例 2】某 110kV 变电站的 1 号主变压器、2 号主变压器铁芯接地电流检测。

1. 被检设备主要参数

该变电站 1 号主变压器型号为 sz10-40000/I 10，额定电压为 110kV，额定容量为 40MVA，电压比为 110(1±8×1.25%)/10.5。

2 号主变压器型号为 sz10 -40000/I 10，额定电压为 110kV，额定容量为 40MVA，电压比为 110(1±8×1.25%)/10.5。

2. 检测结果

根据 Q/GDW 11368《变压器铁芯电流接地电流带电检测技术现场应用导则》对该 110kV 变电站 1 号主变压器、2 号主变压器铁芯接地电流检测。

接地电流检测现场照片如图 5-1 所示，检测结果如表 5-4 所示。

图 5-1 接地电流检测现场照片

表 5-4　1 号、2 号主变压器铁芯接地电流检测结果

序号	测点	图谱		备注
1	2 号主变压器 (0min)	铁芯接地电流	铁芯接地电流谐波分析	铁芯接地电流基波有效值: 0.373A; 铁芯接地电流有效值: 0.410A
2	2 号主变压器 (5min)	铁芯接地电流	铁芯接地电流谐波分析	铁芯接地电流基波有效值: 0.231A; 铁芯接地电流有效值: 0.260A

序号	测点	图谱	备注
3	2号主变压器（10min）		铁芯接地电流基波有效值：0.220A；铁芯接地电流有效值：0.270A
4	2号主变压器（15min）		铁芯接地电流基波有效值：0.223A；铁芯接地电流有效值：0.270A

序号	测点	图谱		备注
5	1号主变压器（0min）	铁芯接地电流	铁芯接地电流谐波分析	铁芯接地电流基波有效值：4.913A；铁芯接地电流有效值：6.100A
6	1号主变压器（10min）	铁芯接地电流	铁芯接地电流谐波分析	铁芯接地电流基波有效值：5.254A；铁芯接地电流有效值：6.080A

序号	测点	图谱		备注
7	1号主变压器（15min）	铁芯接地电流	铁芯接地电流谐波分析	铁芯接地电流基波有效值：5.310A；铁芯接地电流有效值：6.350A
8	1号主变压器（20min）	铁芯接地电流	铁芯接地电流谐波分析	铁芯接地电流基波有效值：5.478A；铁芯接地电流有效值：6.360A

序号	测点	图谱		备注
9	1号主变压器（25min）	铁芯接地电流 	铁芯接地电流谐波分析 	铁芯接地电流基波有效值：5.492A；铁芯接地电流有效值：6.390A

3．检测结果分析

该变电站 1 号主变压器铁芯接地电流有效值范围为 6.08 ～ 6.39A，铁芯接地电流基波有效值范围为 4.913 ～ 5.478A。该变电站 2 号主变压器铁芯接地电流有效值范围为 0.26 ～ 0.41A，铁芯接地电流基波有效值范围为 0.22 ～ 0.373A。根据 Q/GDW11368 中 7.3 条款，判断该变电站 1 号主变压器铁芯接地电流存在异常，结合变压器铁芯及夹件接地电流监测软件分析，判断该变电站 1 号主变压器存在铁芯多点接地异常情况。

【案例 3】某 330kV 变电站的 1 号、2 号、3 号变压器铁芯夹件接地电流带电检测。

1．被检设备主要参数

该变电站 1 号、3 号主变压器型号为 OSFPSZ-360000/330，额定电压为 345/121/35kV，额定容量为 360000/360000/110000kVA。该变电站 2 号主变压器型号为 OSFPSZ-360000/330，额定电压为 345/121/35kV，额定容量为 360000/360000/110000kVA。

2．检测结果

根据 Q/GDW 11368《变压器铁芯电流接地电流带电检测技术现场应用导则》，对该 330kV 变电站 1 号、2 号、3 号主变压器铁芯及夹件接地电流进行检测，对 3 号主变压器夹件接地电流待续检测 1h，检测结果如表 5-5 所示。

表 5-5　1 号、2 号、3 号主变压器检测结果

序号	测点	图谱	备注
1	1 号主变压器铁芯电流		铁芯接地电流有效值：0.011A；铁芯接地电流基波有效值：0.0002A

序号	测点	图谱	备注
2	1 号主变压器夹件电流		夹件接地电流有效值：0.012A；夹件接地电流基波有效值：0.010A
3	2 号主变压器铁芯电流		铁芯接地电流有效值：0.003A；铁芯接地电流基波有效值：0.000A
4	2 号主变压器夹件电流		夹件接地电流有效值：0.020A；夹件接地电流基波有效值：0.019A

序号	测点	图谱	备注
5	3 号主变压器铁芯电流		铁芯接地电流有效值：0.020A；铁芯接地电流基波有效值：0.019A
6	3 号主变压器夹件电流（0min）		夹件接地电流有效值：16.490A；夹件接地电流基波有效值：14.123A
7	3 号主变压器夹件电流（5min）		夹件接地电流有效值：17.030A；夹件接地电流基波有效值：14.718A

序号	测点	图谱	备注
8	3号主变压器夹件电流（10min）		夹件接地电流有效值：16.770A；夹件接地电流基波有效值：14.310A
9	3号主变压器夹件电流（15min）		夹件接地电流有效值：17.210A；夹件接地电流基波有效值：14.698A
10	3号主变压器夹件电流（20min）		夹件接地电流有效值：15.940A；夹件接地电流基波有效值：13.940A

序号	测点	图谱	备注
11	3号主变压器夹件电流（25min）		夹件接地电流有效值：16.950A； 夹件接地电流基波有效值：14.672A
12	3号主变压器夹件电流（30min）		夹件接地电流有效值：18.720A； 夹件接地电流基波有效值：16.007A
13	3号主变压器夹件电流（35min）		夹件接地电流有效值：20.660A； 夹件接地电流基波有效值：17.814A

序号	测点	图谱	备注
14	3号主变压器夹件电流（40min）		夹件接地电流有效值：21.080A； 夹件接地电流基波有效值：18.113A
15	3号主变压器夹件电流（45min）		夹件接地电流有效值：20.620A； 夹件接地电流基波有效值：17.888A
16	3号主变压器夹件电流（50min）		夹件接地电流有效值：18.270 A； 夹件接地电流基波有效值：16.258A

序号	测点	图谱	备注
17	3号主变压器夹件电流（55min）		夹件接地电流有效值：17.160A；夹件接地电流基波有效值：14.814A
18	3号主变压器夹件电流（60min）		夹件接地电流有效值：14.750A；夹件接地电流基波有效值：13.397A

3．综合分析

综合此次检测数据及 Q/GDW 11368 中 7.3 条，判断该变电站 1 号、2 号主变铁芯及夹件接地电流检测结果无异常，3 号主变压器夹件接地电流超出注意值。

5.2　基于智能算法监测技术的案例分析

此智能算法检测技术基于概率神经网络的集合制作的一款软件，通过对换流变压器接地电流数据的分析，利用 PNN 进行故障类型的鉴别与诊断，可以有效地识别变压器的运行状态和潜在故障。

这个系统能够实时监测换流变压器的接地电流，并通过智能算法进行故障识别。通过一系列抗干扰试验，验证了监测系统的可靠性和准确性，确保在复杂电磁环境下的有效运行。基于智能算法的换流变压器接地故障诊断方法，从理论到实践，为变压器的状态监测和故障处理提供了全面而有效的解决方案。显著提高了换流变压器的运行维护水平，降低故障率，保障电力系统的稳定运行。

【案例4】±800kV灵州换流站的极Ⅱ低端Y/D-A相、极Ⅱ低端换流变Y/Y-B相和极Ⅱ低端换流变Y/Y-C相带电检测。

检测结果如表5-6所示。

表5-6 极Ⅰ低端换流站A相检测结果

序号	测点	图谱	备注
1	极Ⅱ低端换流变压器Y/Y-C相铁芯接地电流波形图（0min）		铁芯接地电流基波有效值：0.146A；铁芯接地电流有效值：0.180A
2	极Ⅱ低端换流变压器Y/Y-C相铁芯接地电流谐波分析（0min）		第27次谐波值：0.34A；第30次谐波值：0.18A

序号	测点	图谱	备注
3	极Ⅱ低端换流变压器 Y/Y-C 相夹件接地电流波形图（0min）		夹件接地电流基波有效值：0.122A；夹件接地电流有效值：2.060A
4	极Ⅱ低端换流变压器 Y/Y-C 相夹件接地电流谐波分析（0min）		第 27 次谐波值：1.58A；第 30 次谐波值：0.75A
5	极Ⅱ低端换流变压器 Y/Y-C 相铁芯接地电流波形图（5min）		铁芯接地电流基波有效值：0.004A；铁芯接地电流有效值：0.030A

序号	测点	图谱	备注
6	极Ⅱ低端换流变压器 Y/Y-C 相铁芯接地电流谐波分析（5min）		第 27 次谐波值：0.027A；第 30 次谐波值：0.01A
7	极Ⅱ低端换流变压器 Y/Y-C 相夹件接地电流波形图（5min）		夹件接地电流基波有效值：0.126A；夹件接地电流有效值：2.060A
8	极Ⅱ低端换流变压器 Y/Y-C 相夹件接地电流谐波分析（5min）		第 27 次谐波值：1.7A；第 30 次谐波值：0.70A

序号	测点	图谱	备注
9	极Ⅱ低端换流变压器 Y/Y-C 相铁芯接地电流波形图（10min）		铁芯接地电流基波有效值：0.003A；铁芯接地电流有效值：0.030A
10	极Ⅱ低端换流变压器 Y/Y-C 相铁芯接地电流谐波分析（10min）		第 27 次谐波值：0.025A；第 30 次谐波值：0.013A
11	极Ⅱ低端换流变压器 Y/Y-C 相夹件接地电流波形图（10min）		夹件接地电流基波有效值：0.143A；夹件接地电流有效值：2.180A

序号	测点	图谱	备注
12	极Ⅱ低端换流变压器 Y/Y-C 相夹件接地电流谐波分析（10min）		第 27 次谐波值：1.75A；第 30 次谐波值：0.70A
13	极Ⅱ低端换流变压器 Y/Y-B 相铁芯接地电流波形图（0min）		铁芯接地电流基波有效值：0.046A；铁芯接地电流有效值：0.060A
14	极Ⅱ低端换流变压器 Y/Y-B 相铁芯接地电流谐波分析（0min）		第 27 次谐波值：0.036A；第 30 次谐波值：0.015A

序号	测点	图谱	备注
15	极Ⅱ低端换流变压器 Y/Y-B 相夹件接地电流波形图（0min）		夹件接地电流基波有效值：0.110A；夹件接地电流有效值：2.000A
16	极Ⅱ低端换流变压器 Y/Y-B 相夹件接地电流谐波分析（0min）		第27次谐波值：1.6A；第30次谐波值：0.70A
17	极Ⅱ低端换流变压器 Y/Y-B 相铁芯接地电流波形图（5min）		铁芯接地电流基波有效值：0.044A；铁芯接地电流有效值：0.060A

序号	测点	图谱	备注
18	极 II 低端换流变压器 Y/Y-B 相铁芯接地电流谐波分析（5min）		第 27 次谐波值：0.032A；第 30 次谐波值：0.016A
19	极 II 低端换流变压器 Y/Y-B 相夹件接地电流波形图（5min）		夹件接地电流基波有效值：0.153A；夹件接地电流有效值：1.990A
20	极 II 低端换流变压器 Y/Y-B 相夹件接地电流谐波分析（5min）		第 27 次谐波值：1.6A；第 30 次谐波值：0.65A

序号	测点	图谱	备注
21	极Ⅱ低端换流变压器 Y/Y-B 相铁芯接地电流波形图（10min）		铁芯接地电流基波有效值：0.043A；铁芯接地电流有效值：0.060A
22	极Ⅱ低端换流变压器 Y/Y-B 相铁芯接地电流谐波分析（10min）		第 27 次谐波值：0.032A；第 30 次谐波值：0.016A
23	极Ⅱ低端换流变压器 Y/Y-B 相夹件接地电流波形图（10min）		夹件接地电流基波有效值：0.149A；夹件接地电流有效值：1.910A

序号	测点	图谱	备注
24	极Ⅱ低端换流变压器 Y/Y-B 相夹件接地电流谐波分析（10min）		第 27 次谐波值：1.68A；第 30 次谐波值：0.64A
25	极Ⅱ低端换流变压器 Y/D-A 相铁芯接地电流波形图（0min）		铁芯接地电流基波有效值：0.033A；铁芯接地电流有效值：0.120A
26	极Ⅱ低端换流变压器 Y/D-A 相铁芯接地电流谐波分析（0min）		第 27 次谐波值：0.080A；第 30 次谐波值：0.037A

序号	测点	图谱	备注
27	极Ⅱ低端换流变压器 Y/D-A 相夹件接地电流波形图（0min）		夹件接地电流基波有效值：0.085A；夹件接地电流有效值：1.200A
28	极Ⅱ低端换流变压器 Y/D-A 相夹件接地电流谐波分析（0min）		第 27 次谐波值：0.80A；第 18 次谐波值：0.30A
29	极Ⅱ低端换流变压器 Y/D-A 相铁芯接地电流波形图（5min）		铁芯接地电流基波有效值：0.031A；铁芯接地电流有效值：0.110A

序号	测点	图谱	备注
30	极Ⅱ低端换流变压器 Y/D-A 相铁芯接地电流谐波分析（5min）		第27次谐波值：0.078A；第30次谐波值：0.035A
31	极Ⅱ低端换流变压器 Y/D-A 相夹件接地电流波形图（5min）		夹件接地电流基波有效值：0.100A；夹件接地电流有效值：1.210A
32	极Ⅱ低端换流变压器 Y/D-A 相夹件接地电流谐波分析（5min）		第27次谐波值：0.80A；第30次谐波值：0.52A

序号	测点	图谱	备注
33	极Ⅱ低端换流变压器 Y/D-A 相铁芯接地电流波形图（10min）		铁芯接地电流基波有效值：0.035A；铁芯接地电流有效值：0.120A
34	极Ⅱ低端换流变压器 Y/D-A 相铁芯接地电流谐波分析（10min）		第 27 次谐波值：0.079A；第 30 次谐波值：0.040A
35	极Ⅱ低端换流变压器 Y/D-A 相夹件接地电流波形图（10min）		夹件接地电流基波有效值：0.104A；夹件接地电流有效值：1.23A

序号	测点	图谱	备注
36	极Ⅱ低端换流变压器 Y/D-A 相夹件接地电流谐波分析（10min）		第 27 次谐波值：0.78A； 第 30 次谐波值：0.48A

综合此次检测数据及 Q/GDW 11368 中 7.3 条款，判断极Ⅰ高端 Y/D-B 相、极Ⅱ低端换流变 Y/Y-A 相和极Ⅱ低端换流变 Y/Y-B 相设备运行无异常。

【案例 5】某 ±800kV 换流站极Ⅰ高端 Y/D-B 相、极Ⅱ低端换流变 Y/Y-A 相和极Ⅱ低端换流变 Y/Y-B 相带电检测。

1. 被检设备主要参数

该换流站极Ⅰ高端 Y/D-B 相型号为 ZZDFPZ-4123000/750-600，额定电压为755kV，额定容量为 412.3MVA，电压比为 441.7/101.0kV，空载损耗为 155kW。

该换流站极Ⅱ低端换流变 Y/Y-A 相和极Ⅱ低端换流变 Y/Y-B 相型号为 ZZDFPZ-412300/765-400，额定电压为 755kV，额定容量为 412.3MVA，电压比为 441.7/101.0kV，空载损耗为 155kW。

2. 检测结果

检测结果如表 5-7 所示。

【案例 6】西湖 110kV 变电站的 1 号主变压器、2 号主变压器铁芯接地电流检测。

使用换流变压器铁芯及夹件接地电流监测软件对某 110kV 变电站 1 号主变压器检测结果进行分析，判断该变电站 1 号主变压器存在铁芯多点接地异常情况，具体检测结果如图 5-2 所示。

该案例中，变电站 1 号主变压器铁芯接地电流有效值范围为 6.08 ～ 6.39A，铁芯接地电流基波有效值范围为 4.913 ～ 5.478A。2 号主变压器铁芯接地电流有效值范围为 0.26 ～ 0.41A，铁芯接地电流基波有效值范围为 0.22 ～ 0.373A。根据 Q/GDW11368 中 7.3 条，判断该变电站 1 号主变压器铁芯接地电流存在异常，结合变压器铁芯及夹件接地电流监测软件分析判断 1 号主变压器存在铁芯多点接地异常情况。因此可以证明，此基于 PNN 的智能算法监测技术具有实际应用能力。

表 5-7　极 I 低端换流站 A 相检测结果

序号	测点	图谱		备注
1	2 号主变压器（0min）	铁芯接地电流谐波分析	铁芯接地电流	铁芯接地电流基波有效值：4.811A；铁芯接地电流有效值：5.810A
2	2 号主变压器（5min）	铁芯接地电流谐波分析	铁芯接地电流	铁芯接地电流基波有效值：0.231A；铁芯接地电流有效值：0.260A

117

序号	测点	图谱		备注
3	2号主变压器（10min）	铁芯接地电流 I(A) t(s)	铁芯接地电流谐波分析 幅值 谐波次数	铁芯接地电流基波有效值：0.220A; 铁芯接地电流有效值：0.270A
4	2号主变压器（15min）	铁芯接地电流 I(A) t(s)	铁芯接地电流谐波分析 幅值 谐波次数	铁芯接地电流基波有效值：0.223A; 铁芯接地电流有效值：0.223A

序号	测点	图谱		备注
5	1号主变压器（0min）	铁芯接地电流 铁芯接地电流谐波分析 		铁芯接地电流基波有效值：4.913A； 铁芯接地电流有效值：6.100A
6	1号主变压器（10min）	铁芯接地电流 铁芯接地电流谐波分析 		铁芯接地电流基波有效值：5.254A； 铁芯接地电流有效值：6.080A

序号	测点	图谱	备注
7	1号主变压器（15min）	铁芯接地电流 铁芯接地电流谐波分析	铁芯接地电流基波有效值：5.310A；铁芯接地电流有效值：6.350A
8	1号主变压器（20min）	铁芯接地电流 铁芯接地电流谐波分析	铁芯接地电流基波有效值：5.478A；铁芯接地电流有效值：6.360A

序号	测点	图谱	备注
9	1号主变压器（0min）	铁芯接地电流 铁芯接地电流谱波分析	铁芯接地电流基波有效值: 5.492A; 铁芯接地电流有效值: 6.390A

选择出口：COM2　　　从机ID：1　　　　⬤ 开启罩口：⚏ 设置

铁芯接地电流高波有效值(A)　　　5.492　　　　铁芯接地电流有效值(A)

夹件接地电流高波有效值(A)　　　0.000　　　　夹件接地电流有效值(A)

铁芯接地电流

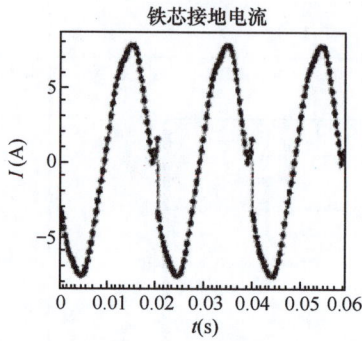

铁芯接地电流谐波分析

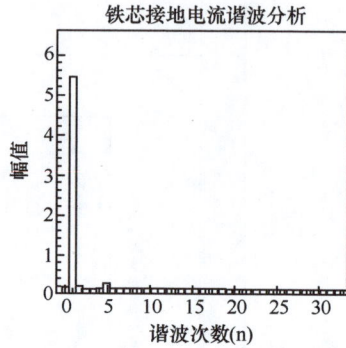

故障码：001　故障类别：铁心多点接地　采集时间：30秒

6.390　　　　铁芯接地电流总谐波瞬变率(%)　　　11.868

0.000　　　　夹件接地电流总谐波瞬变率(%)　　　369.124

铁芯接地电流谐波分析

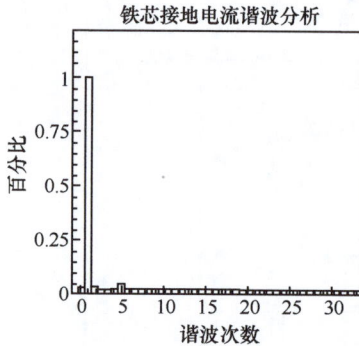

铁芯接地电流与运行时间

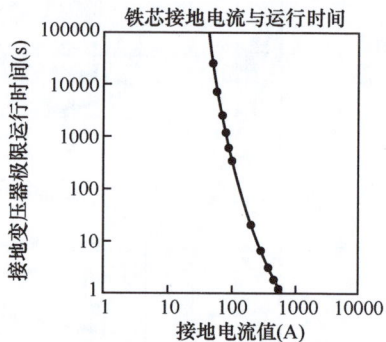

图 5-2　1 号主变压器换流变压器铁芯接地电流监测软件分析结果

参考文献

[1] 王坚，林鹤云，房淑华，等．利用等效电导率进行叠片铁芯涡流场分析的有效性和精确性（英文）[J]．中国电机工程学报，2012，32（27）：162-168，197．

[2] 耿江海，王平．变压器铁芯一点接地工作电流计算 [J]．变压器，2013，50（04）：33-35．

[3] 刘金辉，孟大伟，夏云彦，等．考虑铁芯片间短路故障的均匀化建模方法 [J]．电机与控制学报，2020，24（06）：1-8．

[4] 周利军，刘桓成，江俊飞，等．卷铁芯变压器三维涡流场建模与计算 [J]．铁道学报，2021，43（03）：70-76．

[5] 孟大伟，王晓慧．电机定子铁芯片间短路故障分析的解析法 [J]．电机与控制学报，2021，25（03）：77-84．

[6] 张冠军，田丰，刘力强，等．换流变压器夹件接地电流偏大计算与分析 [J]．变压器，2023，60（12）：12-17．

[7] 王仁，庄杰龙，郑雄，等．换流变压器接地电流分析与仿真计算 [J]．变压器，2024，61（04）：6-11．

[8] 杜炎城．变压器铁芯多点接地带电检测技术研究与系统设计 [D]．昆明：昆明理工大学，2018．

[9] 崔闻雯．变压器铁芯接地电流在线监测装置的设计 [D]．大连：大连交通大学，2018．

[10] 丁婕．基于 STM32 的变压器铁芯接地电流在线监测系统设计 [D]．合肥：安徽大学，2020．

[11] 李国庆，李国友，张楠，等．基于 GSM 的变压器铁芯接地电流在线监测装置的研究 [J]．变压器．2006（10）：35-49．

[12] 曾云，余秦军．变压器铁芯接地智能在线监测装置的研究设计 [J]．电气应用．2014（33）：156-158．

[13] 包玉树，胡永建，吕佳，等. 变压器铁芯接地电流在线监测系统设计及其带电检测不确定度评定 [J]. 电测与仪表，2023，60（04）：150-154.

[14] 王鹤蓉. 基于卷积算法的换流变铁芯接地电流谐波检测方法 [D]. 沈阳：沈阳工程学院，2021.

[15] 程绪长. 变压器铁芯接地电流在线监测系统的设计 [J]. 中国新通信，2016，18（06）：28-29.

[16] 邬小波，彭珣，郭绍伟，等. 变压器铁芯接地电流检测装置应用研究 [J]. 华北电力技术，2013，（08）：38-42.

[17] 刘睿，陈凌. 变压器铁芯接地电流在线监测装置现场检测浅析 [J]. 四川电力技术，2012，35（02）：9-11.